Abdezzahid Arbaoui

Etude théorique et expérimentale des propriétés optiques non linéaires

Hasnaa El Ouazzani
Bouchta Sahraoui
Abdezzahid Arbaoui

Etude théorique et expérimentale des propriétés optiques non linéaires

De nouvelles familles organiques de type Push-Pull

Éditions universitaires européennes

Impressum / Mentions légales
Bibliografische Information der Deutschen Nationalbibliothek: Die Deutsche Nationalbibliothek verzeichnet diese Publikation in der Deutschen Nationalbibliografie; detaillierte bibliografische Daten sind im Internet über http://dnb.d-nb.de abrufbar.

Information bibliographique publiée par la Deutsche Nationalbibliothek: La Deutsche Nationalbibliothek inscrit cette publication à la Deutsche Nationalbibliografie; des données bibliographiques détaillées sont disponibles sur internet à l'adresse http://dnb.d-nb.de.

Coverbild / Photo de couverture: www.ingimage.com

Verlag / Editeur:
Éditions universitaires européennes
ist ein Imprint der / est une marque déposée de
OmniScriptum GmbH & Co. KG
Heinrich-Böcking-Str. 6-8, 66121 Saarbrücken, Deutschland / Allemagne
Email: info@editions-ue.com

Herstellung: siehe letzte Seite /
Impression: voir la dernière page
ISBN: 978-613-1-59162-4

Zugl. / Agréé par: Université d'Angers 2012 Université de Chouaib Doukkali El Jadia 2012

Je dédie ce livre à mes chers parents

Mon mari et mon fils

Mon frère et mes sœurs

Ma famille et mes amis

Remerciements

Le travail présenté dans ce manuscrit a été réalisé au sein du laboratoire Moltech Anjou de l'université d'Angers dans le cadre de l'accord signé entre l'université d'Angers et l'université Chouaib Doukkali El Jadida au Maroc.

Je tiens à remercier mon directeur de recherche, le professeur Bouchta Sahraoui, qui m'a offert l'opportunité d'effectuer ce travail de doctorat, qui m'a accueilli au sein de son laboratoire et son équipe de recherche, qui a suggéré ce sujet et a soigneusement veillé à son élaboration. Merci d'avoir supervisé mon projet, trouvé les fonds nécessaires et de m'avoir encouragé pendant toutes ces années. C'est pour moi l'occasion de lui exprimer mon grand respect et ma profonde considération.

Mes co-directeurs de recherche, le professeur Mina Bakasse, de même que le professeur Abdezzahid Arbaoui, pour m'avoir encadré et m'avoir accueillie dans leur laboratoire de recherche à El Jadida ainsi de me permettre de bien mener ce travail. Ce fut une expérience merveilleuse à bien des égards.

Mes remerciements vont ensuite à Sylvie Dabos, Konstantinos Illiopolous, Abdelkrim El ghayoury, David Chaperon, pour leur conseils tout au long de ces années. Ils n'ont pas hésité à m'apprendre tout leur savoir avec patience. Leur aide, leur expertise ainsi que leur gentillesse m'ont toujours beaucoup apporté.

Je tiens à exprimer mes remerciements à tout le personnel des techniciens qui ont été efficaces et disponibles pour faire face aux différents problèmes rencontrés lors des expériences, notamment Alain Mahot, Dominique Guichaoua, Christian Auguste et Christophe Cassagne.

Je ne peux bien évidemment pas écrire ces remerciements sans penser à l'ensemble des membres du laboratoire et à toute la communauté de thésards. Pour rendre compte à quel point l'ambiance est exceptionnelle et les personnes agréables, il faudrait tous les citer. Or, de peur d'oublier quelqu'un je n'adresse qu'un merci général à vous tous.

Je profite de ces quelques lignes pour remercier les très nombreuses personnes qui ont contribué à rendre mon doctorat productif, scientifique, ludique, rigoureux, intéressant.

Je remercie également les membres de ma famille qui m'ont toujours soutenu : Mes chers parents, mon Mari Maxime, mon cher enfant Ilyas, mon cher frère Youssef, mes chers sœurs : Lamiaa, Fatima zahra, Soukaina et toute ma famille. Je les remercie pour leur compréhension et leurs encouragements. C'est avec plaisir que je leur dédie ce travail.

Enfin, je dirige mes remerciements vers toutes les personnes que j'aurai pu oublier de citer ci-dessus.

Table des matières

Introduction Générale

Les progrès de la science imposent de nouveaux choix et de nouvelles stratégies qui sont très différents de ceux employés dans le passé, comme l'utilisation de nouveaux systèmes ou de nouvelles techniques. Durant les dernières années, un grand effort a été porté sur la miniaturisation des dispositifs en vue d'applications photoniques en se basant sur les études de l'interaction lumière-matière. La fabrication de micro et nano-structures est ainsi devenue un élément essentiel à la plupart des sciences modernes et nouvelles technologies, infiltrant la société à travers son rôle prédominant en micro et optoélectronique. Les matériaux organiques sont apparus assez rapidement comme très prometteurs dans ce domaine. Ils sont intéressants en raison principalement de leur facilité de mise en œuvre et de la possibilité de concevoir des matériaux multifonctionnels. Pour qu'une molécule soit active en optique non linéaire (ONL), elle doit avoir une polarisabilité élevée. Ses électrons doivent être fortement délocalisés (par exemple les électrons π dans une molécule organique conjuguée). L'effet est encore plus important pour les molécules à fort transfert de charge intramoléculaire dans lesquelles il y a un groupement électrodonneur et un groupement électroattracteur interagissant à travers un système π conjugué.

Un grand nombre de travaux de recherche ont concerné l'étude des dérivés d'azobenzènes qui, en raison de leur photoisomérisation trans-cis réversible et stable pendant de nombreux cycles, sont devenus les composés photochromiques les plus étudiés ces dernières années. L'association des composés azoïques avec les matériaux polymères a ouvert la voie à la synthèse de nouveaux matériaux aux applications variées.

Les polymères contenant les molécules photochromiques à fort transfert de charge intramoléculaire, pouvant présenter une hyperpolarisabilité moléculaire β élevée (du type "push–pull"), semblent être les matériaux les mieux adaptés pour satisfaire les exigences de l'optique intégrée. L'avantage majeur est aussi la possibilité d'induire une structure non-centrosymétrique au sein du matériau, par exemple par orientation par la technqiue Corona poling, car l'obtention de propriétés ONL quadratiques macroscopiques nécessite de briser la centrosymétrie du milieu par orientation des chromophores. Celle-ci doit ensuite être bloquée
durablement pour assurer la pérennité des propriétés ONL quadratiques. Le problème majeur
dans ce type des dispositifs est la relaxation temporelle des propriétés non linéaires due aux pertes orientationnelles d'alignement des dipôles qui sont à l'origine de non-centrosymétrie

induite. D'où l'intérêt de chercher des matériaux qui peuvent figer et conserver l'orientation moléculaire induite, stables dans le temps et en température.

Afin de mieux comprendre les phénomènes optiques étudiés tout au long de ce mémoire, le premier chapitre comporte un rappel des définitions et des propriétés générales des processus et la théorie de l'optique non linéaire, en se basant sur les équations de Maxwell. Lorsque le champ électrique optique est intense, la densité de polarisation du milieu doit être développée au-delà de l'ordre un en champ. Les susceptibilités non linéaires d'ordres deux et trois sont introduites. Finalement, est dérivée l'équation d'onde non linéaire suivie par le champ électrique optique. Ces notions seront reprises et approfondies par la suite dans le cas des systèmes étudiés dans cette thèse.

Après avoir bien montré quelles grandeurs physiques nous voulons étudier, le deuxième chapitre vise, à établir les méthodes de caractérisation linéaire et non linéaire du deuxième et du troisième ordre ainsi que les modèles théoriques nécessaires au calcul des susceptibilités non linéaire quadratique et cubique de l'onde générée.

Nous nous sommes intéressés dans une troisième partie (Chapitre 3), aux propriétés ONL des molécules organiques conjuguées de type "push-pull", composées d'un groupement accepteur et d'un groupement donneur reliés par une chaîne conjuguée. Ces composés de différentes longueurs de chaine ont été greffés à un système polymérique afin d'avoir un système plus stable. Une étude complète au moyen des techniques de la génération de la seconde Harmonique SHG, la génération de la troisième Harmonique THG, Z-scan ainsi que la biréfringence photoinduite (Effet kerr optique) sera présentée.

Le dernier chapitre, traite les propriétés optiques non linéaires (ONL) de nouveaux composés organiques conjugués styrylquinolinium déposés en couche mince par laser (PLD). La réalisation de couches minces de haute qualité nécessite la maîtrise et le contrôle de leur élaboration. Le choix d'une méthode de dépôt fait intervenir plusieurs critères telles que, la nature du matériau à déposer, l'adhérence du dépôt sur le substrat, la vitesse de dépôt et l'épaisseur de la couche souhaitée, etc. Le procédé de dépôt par ablation laser impulsionnel ou PLD (Pulsed Laser Deposition) est une technique connue pour ses capacités d'élaboration

de films de matériaux simples ou complexes de grande qualité. Durant cette étude, le dépôt a été effectué sur des substrats de verre car ces derniers sont d'excellents matériaux pour l'optique. Ils sont transparents, de mise en forme aisée et sont compatibles avec les technologies les plus courantes. Le choix de ces systèmes est juste, car ces matériaux amorphes sont centrosymétriques et donc ne possèdent pas des propriétés optiques non linéaires quadratiques. Ensuite, afin de s'assurer

3

de la qualité de couches minces obtenues, une analyse de surface est faite par microscopie à force atomique suivie d'une étude par microscopie électronique à balayage. L'homogénéité des films représente un élément indispensable pour une caractérisation optique non linéaire. Cette dernière a pu être effectuée au moyen des techniques de génération de la seconde Harmonique (SHG), génération de la troisième l'harmonique (THG) et Z-scan, fournissant à la fois les paramètres optiques non linéaire du deuxième ordres et ceux du troisième ordre.

Chapitre I

L'Optique non linéaire

Chapitre I

Table des matières

Chapitre I:

L'Optique non linéaire

Introduction

Le domaine de la physique appelé optique traite l'interaction de la lumière avec la matière. Dans la nature, on observe, en général, que cette interaction ne dépend pas de l'intensité de l'illumination. Les ondes lumineuses sont alors de faible intensité et n'interagissent pas entre elles lorsqu'elles pénètrent et se propagent dans un milieu. Ceci est le domaine de l'optique dite linéaire. Lorsque la lumière devient plus intense, les propriétés optiques commencent à dépendre de l'intensité et d'autres caractéristiques de l'illumination. C'est le domaine de l'optique non linéaire noté aussi ONL. Ce vaste domaine représente l'étude des phénomènes qui se produisent comme une conséquence de la modification des propriétés optiques d'un système matériel par la présence de lumière. Typiquement, la lumière laser ne soit suffisamment intense pour modifier les propriétés optiques d'un matériau. En fait, le début de l'apparition du domaine d'optique non linéaire est né avec la découverte de la génération de second harmonique par Franken et ses collaborateurs en 1961, peu après la démonstration du premier laser de travail par Maiman en 1960.

Ce groupe (Fanken et al.), a mis en évidence ce phénomène en générant à travers un cristal de quartz la seconde harmonique à environ 347,2 nm d'un laser à rubis pulsé d'une longueur d'onde de 694,3 nm [1,2].

Par la suite, de nombreuses études ont porté sur les effets optiques non linéaires permettant de comprendre de mieux en mieux ces effets et donc ce domaine a continué à réaliser des progrès aussi bien en physique fondamentale que pour des applications pratiques.

La description générale des propriétés optiques non-linéaires s'appuie principalement sur les ouvrages de R.L. Sutherland "Handbook of Nonlinear Optics"[3], Y.R. Shen "The principles of nonlinear optics" [4] et Robert W. Boyd "Nonlinear Optics" [5]. Ce dernier a récemment mené de nombreuses études théoriques sur le comportement non-linéaire des matériaux que nous traiterons ultérieurement.

Cette partie est organisée de la façon suivante: nous commencerons par rappeler les principes de base et le formalisme de l'optique non linéaire en utilisant comme point de départ les équations de Maxwell. Nous nous intéresserons ensuite plus particulièrement aux processus non linéaires du second ordre et aux propriétés de la susceptibilité non linéaire d'ordre 2, puis aux processus non linéaires du troisième ordre et aux particularités de la susceptibilité non linéaire d'ordre 3.

Dans ce premier chapitre, sont introduites les notions de polarisabilité et de susceptibilité non linéaire, suivies de la description des phénomènes de propagation dans les milieux non linéaires.

I-1 Théories de la réponse non linéaire

Les phénomènes optiques non linéaires sont "non linéaires" dans le sens où ils se produisent lorsque la réponse d'un système matériel à un champ optique appliqué dépend de façon non linéaire de la force du champ optique. Contrairement au domaine de l'optique linéaire, où l'intensité lumineuse transmise est proportionnelle à l'intensité lumineuse incidente comme pour le cas des interactions classiques : la diffusion élastique, la réfraction et la réflexion.

I-1-1 Les propriétés électromagnétiques du milieu

Une onde électromagnétique et un milieu interagissent par l'intermédiaire de trois paramètres: la conductivité σ, la permittivité électrique ε et la perméabilité magnétique μ. Ces trois paramètres apparaissent clairement dans les équations de Maxwell et peuvent :

- prendre la forme de tenseur afin de modéliser l'anisotropie du milieu,
- disposer d'une partie complexe afin de participer à l'atténuation globale de l'onde électromagnétique,
- dépendre de la fréquence (caractère dispersif du milieu).

I-1-2 Equations de Maxwell

Afin d'étudier la propagation d'une onde électromagnétique dans un milieu matériel, on doit prendre en compte les interactions entre le champ électromagnétique et le milieu.

L'approche classique que nous considérons s'appuie sur les équations de Maxwell en présence du milieu matériel.

Maxwell regroupa toutes ces idées sur les ondes électromagnétiques, leur description et leurs interactions dans ses quatre célèbres équations constitutives dont voici l'expression dans un milieu dépourvu de charges (absence de charges électriques et de courant électrique) [6] :

$$\vec{\nabla}.\vec{D}(\vec{r},t) = 0 \qquad (1.1)$$

$$\vec{\nabla}.\vec{B}(\vec{r},t) = 0 \qquad (1.2)$$

$$\vec{\nabla}.\vec{E}(\vec{r},t) = -\frac{\partial \vec{B}(\vec{r},t)}{\partial t} \qquad (1.3)$$

$$\vec{\nabla}.\vec{H}(\vec{r},t) = -\frac{\partial \vec{D}(\vec{r},t)}{\partial t} \qquad (1.4)$$

$\vec{E}(\vec{r},t)$ est le champ électrique, $\vec{D}(\vec{r},t)$ le déplacement (ou induction) électrique, $\vec{B}(\vec{r},t)$ le champ (ou induction) magnétique, $\vec{H}(\vec{r},t)$ l'excitation (ou champ) magnétique.

Dans un milieu diélectrique, la réponse du milieu aux excitations $\vec{E}(\vec{r},t)$ et $\vec{H}(\vec{r},t)$ est donné par :

$$\vec{D}(\vec{r},t) = \varepsilon_0 \vec{E}(\vec{r},t) + \vec{P}(\vec{r},t) \qquad (1.5)$$

$$\vec{B}(\vec{r},t) = \mu_0 \vec{H}(\vec{r},t) \qquad (1.6)$$

Où μ_0 est la perméabilité du vide et $\vec{P}$ est la polarisation électrique.
- Le champ électrique E (Volt/m)
- Le champ magnétique H (Ampère/m)
- La densité de flux électrique D (Coulomb/m²)
- La densité de flux magnétique B (Webber/m²)

I-1-3 Equations de propagation d'une onde électromagnétique

En rassemblant ces six dernières équations, on pourra remonter à l'expression de l'équation de propagation du champ électromagnétique qui se représente sous la forme suivante [7] :

$$\vec{\nabla} \times \vec{\nabla} \times \vec{E}(\vec{r},t) + \frac{1}{c^2}\frac{\partial^2 \vec{E}(\vec{r},t)}{\partial t^2} = -\mu_0 \frac{\partial^2 \vec{P}(\vec{r},t)}{\partial t^2} \qquad (1.7)$$

qui est l'équation de propagation pour le champ électrique. En examinant cette équation, nous remarquons que le membre de droite est relatif à la réponse du milieu par rapport au champ électrique. En prenant le second membre nul, nous retombons bien sur l'équation d'Helmholtz qui prédit l'existence d'ondes électromagnétiques dans le vide à savoir un milieu de réponse nulle.

I-1-4 Vitesse de phase

Les équations de propagation permettent d'introduire une vitesse de phase qui peut s'exprimer sous la forme suivante :

$$\vartheta_\varphi = \frac{1}{\sqrt{\varepsilon\mu}} = \frac{c}{\sqrt{\varepsilon_r \mu_r}} \qquad (1.8)$$

Dans les milieux non magnétiques, $\mu_r = 1$ et

$$\vartheta_\varphi = \frac{c}{\sqrt{\varepsilon_r}} = \frac{c}{n} \qquad (1.9)$$

On appelle n l'indice de réfraction. Ce dernier sera détaillé dans le paragraphe qui suit.

I-1-5 Indice de réfraction

L'indice de réfraction d'un milieu est définit, comme le rapport de la vitesse de la lumière dans le vide sur la vitesse de la lumière dans ce milieu. C'est un nombre qui caractérise le pouvoir qu'a cette matière, à ralentir et à dévier la lumière. L'indice de réfraction n'a pas d'unité car c'est le rapport de deux vitesses et dépend de la longueur d'onde, de la température, de la pression, de la composition du milieu. Plus la lumière est ralentie, plus la matière a un indice de réfraction élevé.

Le tableau ci-dessous donne quelques valeurs d'indice de réfractions pour différents milieux.

Milieu	Indice	Milieu	Indice
Air	1.00	Benzène	1.501
Eau	1.33	Verre	1.50
Rubis	1.78	Polystyrène	1.20
Diamant	2.46	Alcool pur	1.32
Saphir	1.77	Glycérine	1.47
Quartz	1.55	Acétone	1.36

Tableau1: Indice de réfraction de quelques substances.

Il peut également être relié à la susceptibilité linéaire $\chi^{(1)}$ du matériau par la relation suivante :

$$n^2 = 1 + \chi^{(1)} \qquad (1.10)$$

Un matériau uniaxe est caractérisé par deux indices de réfraction : l'indice ordinaire n_o correspondant à une propagation suivant l'axe optique (oz) et l'indice extraordinaire n_e pour une onde polarisée suivant (oz).

L'indice de réfraction est un nombre complexe : sa partie réelle correspond à l'indice de réfraction usuel, et gouverne la propagation de la lumière dans les milieux transparents. La partie imaginaire χ n'est à prendre en compte que dans les milieux absorbants, elle correspond au coefficient d'absorption du matériau.

I-2 Polarisation et susceptibilité

Le champ électrique macroscopique dans lequel est plongé le matériau est souvent différent du champ électrique local qui agit réellement sur les constituants microscopiques et donc crée la polarisation. Il est donc important de différencier la polarisation macroscopique de celle microscopique, ou autrement dit, distinguer la susceptibilité (grandeur macroscopique) de la polarisabilité (grandeur microscopique).

I-2-1 Origine physique de la non linéarité optique

Un matériau peut être essentiellement considéré comme un ensemble de particules chargées (noyaux et électrons, ions éventuellement). Soumises à un champ électrique, les charges tendent à se déplacer : les charges positives dans le sens du champ électrique, les charges négatives dans le sens opposé.

Lorsqu'une onde lumineuse traverse un milieu transparent, elle agit par l'intermédiaire de ses champs électriques et magnétiques sur les charges se trouvant dans ce milieu. C'est le phénomène de polarisation qui résulte de la déformation et de l'orientation des nuages électroniques qui peut être d'origine microscopique ou macroscopique.

En effet, la relation entre P et E est linéaire quand le champ électromagnétique est faible mais devient non linéaire lorsque celui-ci devient élevé au point de modifier la force de rappel exercée par l'électron sur le noyau.

L'effet du champ magnétique de l'onde électromagnétique est quant à lui beaucoup plus faible et peut être négligé.

I-2-2 Polarisation macroscopique

L'interaction de la lumière avec un matériau optiquement non linéaire modifie les propriétés de ce matériau même, ce qui permet l'interaction de plusieurs champs électriques, et par là même modifie la fréquence, la phase ou la polarisation de la lumière incidente. Ainsi, à l'aide de sources lasers, on peut obtenir des champs électriques proportionnels au champ électrique régnant à l'intérieur des atomes ($10^{-11} V/m$). Avec de telles intensités, la matière peut générer des processus non linéaires, trouvant leur origine dans de nouvelles sources de polarisation électrique.

Afin de décrire plus précisément ce phénomène de l'optique non linéaire, On se place dans le cas de l'optique classique linéaire où la polarisation induite $\vec{P}$ d'un système matériel dépend linéairement de l'intensité du champ électrique $\vec{E}$.

La propagation de la lumière dans un milieu transparent est gouvernée par ses propriétés diélectriques et la réponse au champ électromagnétique, au niveau microscopique, est exprimée par la polarisation:

$$\vec{P} = \alpha \vec{E}$$

(1.11)

Avec α est la polarisabilité linéaire. L'expression la plus utilisée afin d'exprimer la polarisation macroscopique est alors [8] :

$$\vec{P} = \varepsilon_0 \chi^{(1)} \vec{E} \qquad (1.12)$$

Le terme $\chi^{(1)}$ représente la susceptibilité linéaire, une quantité tenseur de rang deux. Il est directement relié à l'indice de réfraction linéaire du milieu également responsable de l'absorption linéaire et est le seul terme non négligeable lorsque l'intensité de l'onde électromagnétique est faible.

L'équation (1.12) est la relation sur laquelle l'optique a été construite avant 1961. En raison des lasers et les champs élevés qu'ils produisent, la réponse du milieu à une telle excitation n'a plus la forme linéaire, donc il est maintenant nécessaire de tenir compte d'autres termes dits non linéaires qui apparaissent dans l'équation précédente (équation 1.12).

Ceci est accompli par l'écriture de la nouvelle expression de la polarisation qui dépend du champ électrique comme une expansion en série de Taylor en fonction des pouvoirs carrés, cubes ou plus, de l'intensité de l'onde incidente.

$$\vec{P} = \varepsilon_0 (\chi^{(1)}.\vec{E} + \chi^{(2)}.\vec{E}.\vec{E} + \chi^{(3)}.\vec{E}.\vec{E}.\vec{E} + \ldots\ldots) \qquad (1.13)$$

Les termes $\chi^{(2)}$ et $\chi^{(3)}$ sont les susceptibilités non linéaires respectivement d'ordre deux et trois.

Le deuxième terme $\chi^{(2)}.\vec{E}^2$ correspond à l'optique non linéaire produisant des effets du second ordre comme par exemple la génération de la seconde harmonique. Il dépend fortement de la symétrie du milieu.

Le troisième terme $\chi^{(3)}.\vec{E}^3$ correspond à l'optique non linéaire produisant des effets du troisième ordre. Ces effets ne dépendent pas de la symétrie du milieu car ils peuvent intervenir même dans les milieux possédant un centre d'inversion. On peut citer comme exemples, la génération de la troisième harmonique, diffusion Raman etc.

Finalement, la polarisation peut s'écrire comme la somme d'une polarisation linéaire $P^{(N)}$ et d'une polarisation non linéaire $P^{(NL)}$. Cette dernière fait intervenir les susceptibilités non-linéaires optiques $\chi^{(n)}$ d'ordre (n) et qui sont en réalité des tenseurs de rang (n+1).

$$\vec{P} = \vec{P}^{(N)} + \vec{P}^{(NL)} =$$
$$= \varepsilon_0 (\chi^{(1)}.\vec{E} + \chi^{(2)}.\vec{E}.\vec{E} + \chi^{(3)}.\vec{E}.\vec{E}.\vec{E} + \ldots) \qquad (1.14)$$

L'unité et l'ordre de grandeur des susceptibilités sont utiles à préciser : $\chi^{(1)}$ est une grandeur sans dimension qui est de l'ordre de l'unité, $\chi^{(2)}$ a la dimension de l'inverse d'un champ électrique (unité m/V). $\chi^{(3)}$ a la dimension de l'inverse du carré du champ, dont l'ordre de grandeur est (m²/V²).

I-2-3 Polarisation microscopique

D'un point de vue microscopique, le nuage électronique de chaque atome ou entité moléculaire peut se déformer sous l'effet du champ électrique extérieur créant ainsi un moment dipolaire induit. En raison de la polarisation du milieu, le moment dipolaire de l'entité polarisable dépend alors d'un champ électrique local $\vec{E}_{loc}$ plutôt que du champ électrique associé à l'onde électromagnétique.

On peut donc relier l'amplitude de l'onde au dipôle créé via la notion de polarisabilité, qui est une caractéristique propre à chaque atome.

La polarisation microscopique peut s'écrire en fonction du champ électrique local $\vec{E}_{loc}$ suivant la relation ci-dessous:

$$\vec{P} = N(\alpha\vec{E}_{loc} + \beta\vec{E}_{loc}^2 + \gamma\vec{E}_{loc}^3 + ...) \quad (1.15)$$

Le terme N désigne la densité volumique des particules (nombre de particules par unité de volume), et α représente le tenseur de polarisabilité linéaire. Les termes β et γ sont les tenseurs de polarisabilité non linéaires respectivement d'ordre deux et trois, également appelés tenseurs d'hyperpolarisabilité non linéaire.

L'hyperpolarisabilité du premier ordre β, caractérise la réponse non linéaire d'une unité élémentaire (liaison chimique, molécule) du matériau. Faible pour les liaisons métal-oxyde des cristaux inorganiques, et elle est beaucoup plus importante pour des molécules organiques conjuguées dérivées du benzène.

I-2-4 Susceptibilité non linéaire du deuxième ordre

La susceptibilité diélectrique d'ordre 2, $\chi^{(2)}$, est un tenseur de rang trois constitué de 27 composantes χ_{ijk} suivant les axes (x,y,z) d'un repère cartésien. La commutativité des produits $E_j(\omega).E_k(\omega) = E_k(\omega).E_j(\omega)$ permet de réduire le nombre de composantes indépendantes à 18 et d'écrire la polarisation sous la forme :

$$\begin{bmatrix} P_x \\ P_y \\ P_z \end{bmatrix} = \varepsilon_0 \begin{bmatrix} \chi_{111} & \chi_{122} & \chi_{133} & \chi_{123} & \chi_{113} & \chi_{112} \\ \chi_{211} & \chi_{222} & \chi_{233} & \chi_{223} & \chi_{213} & \chi_{212} \\ \chi_{311} & \chi_{322} & \chi_{333} & \chi_{323} & \chi_{313} & \chi_{312} \end{bmatrix} \begin{bmatrix} E_x^2(\omega) \\ E_y^2(\omega) \\ E_z^2(\omega) \\ 2E_y(\omega)E_z(\omega) \\ 2E_x(\omega)E_z(\omega) \\ 2E_x(\omega)E_y(\omega) \end{bmatrix} \quad (1.16)$$

Kleinman a démontré que le tenseur $\chi^{(2)}$ est symétrique par rapport aux permutations des trois indices ijk [6], ce qui donne :

$$\chi_{ijk} = \chi_{ikj} = \chi_{jik} = \chi_{jki} = \chi_{kij} = \chi_{kji} \qquad (1.17)$$

Alors, la polarisation non linéaire du deuxième ordre peut être simplifiée sous la forme:

$$\begin{bmatrix} P_x \\ P_y \\ P_z \end{bmatrix} = \varepsilon_0 \begin{bmatrix} \chi_{111} & \chi_{122} & \chi_{133} & \chi_{123} & \chi_{113} & \chi_{112} \\ \chi_{112} & \chi_{222} & \chi_{233} & \chi_{223} & \chi_{123} & \chi_{122} \\ \chi_{113} & \chi_{223} & \chi_{333} & \chi_{233} & \chi_{133} & \chi_{123} \end{bmatrix} \begin{bmatrix} E_x^2(\omega) \\ E_y^2(\omega) \\ E_z^2(\omega) \\ 2E_y(\omega)E_z(\omega) \\ 2E_x(\omega)E_z(\omega) \\ 2E_x(\omega)E_y(\omega) \end{bmatrix} \qquad (1.18)$$

D'autres, souhaitent exprimer la polarisation en fonction du le tenseur d_{il}, aussi appelé tenseur de susceptibilité non-linéaire est souvent introduit à la place du tenseur χ_{ijk}. Les deux tenseurs sont reliés par la relation qui suit :

$$d_{il} = \frac{1}{2}\chi_{ijk} \qquad (1.19)$$

Où jk et l sont reliés comme indiqué dans le tableau suivant:

jk	11	22	33	23=32	13=31	12=21
l	1	2	3	4	5	6

Tableau 2: Relations entre les indices jk et l.

En utilisant ce nouvel expression de la formule (1.19) et en tenons compte de la relation entre les indices, nous pouvons réécrire la polarisation non linéaire d'ordre deux sous une nouvelle forme matricielle suivante :

14

$$
\begin{bmatrix} P_x \\ P_y \\ P_z \end{bmatrix} = 2\varepsilon_0 \begin{bmatrix} d_{11} & d_{12} & d_{13} & d_{14} & d_{15} & d_{16} \\ d_{16} & d_{22} & d_{23} & d_{24} & d_{14} & d_{12} \\ d_{15} & d_{24} & d_{33} & d_{23} & d_{13} & d_{14} \end{bmatrix} \begin{bmatrix} E_x^2(\omega) \\ E_y^2(\omega) \\ E_z^2(\omega) \\ 2E_y(\omega)E_z(\omega) \\ 2E_x(\omega)E_z(\omega) \\ 2E_x(\omega)E_y(\omega) \end{bmatrix} \quad (1.20)
$$

Le long de ce travail de recherche, les susceptibilités du deuxième ordre sont données par le tenseur $\chi^{(2)}$.

I-2-5 Susceptibilité non linéaire du troisième ordre

Le tenseur de la susceptibilité électrique du troisième ordre est une grandeur qui décrit les effets optiques du troisième ordre au niveau macroscopique. Comme nous l'avons déjà précisé auparavant, est un tenseur de rang 4. Il a donc, au total, 81 composantes.

$\chi_{ijkl}^{(3)}$ est le tenseur de susceptibilité non linéaire d'ordre trois et i, j, k et l représentent les axes cristallographiques du milieu. En fonction de la structure cristallographique du matériau, l'expression du tenseur $\chi_{ijkl}^{(3)}$ se simplifie pour ne laisser qu'un nombre limité de valeurs non nulles et indépendantes. L'ensemble de ces simplifications est présenté pour chaque classe cristallographique dans la plupart des ouvrages qui traitent des processus non linéaires d'ordre trois dans le détail [5,9].

Dans le cas de milieux isotropes, le tenseur $\chi_{ijkl}^{(3)}$ possède les caractéristiques suivantes de symétrie :

$$
\begin{aligned}
\chi^3_{xxxx} &= \chi^3_{yyyy} = \chi^3_{zzzz} = \chi^3_{xxyy} + \chi^3_{xyxy} + \chi^3_{xyyx} \\
\chi^3_{yyzz} &= \chi^3_{zzyy} = \chi^3_{zzxx} = \chi^3_{xxzz} = \chi^3_{xxyy} = \chi^3_{yyxx} \\
\chi^3_{yzyz} &= \chi^3_{zyzy} = \chi^3_{zxzx} = \chi^3_{xzxz} = \chi^3_{xyxy} = \chi^3_{yxyx} \\
\chi^3_{yzzy} &= \chi^3_{zyyz} = \chi^3_{zxxz} = \chi^3_{xzzx} = \chi^3_{xyyx} = \chi^3_{yxxy}
\end{aligned} \quad (1.21)
$$

I-3 Phénomènes d'optique non linéaire du second ordre

L'optique non linéaire est basée sur des processus mettant en jeu dans la matière des phénomènes apparaissant lorsqu'on la sonde à l'aide de sources lumineuses intenses. Avec de telles intensités, la matière peut générer des processus non linéaires, trouvant leur origine dans de nouvelles sources de polarisation électrique. Ces sources de polarisation non linéaires sont à la base des processus tels que la génération du second harmonique (SHG), la génération de fréquence-somme ou différence (SFG ou DFG), qui sont tous des phénomènes du second ordre, c'est-à-dire qu'ils proviennent d'une source de polarisation non linéaire du second ordre du matériau ainsi éclairé. Notre étude sera limitée dans cette thèse au phénomène de doublage de fréquence. Bien que ce dernier, comme tous les phénomènes non linéaires, soit susceptible de se produire dans n'importe quel matériau, son efficacité dépend fortement des propriétés de symétrie de ce matériau.

Il existe d'autres processus optiques non linéaires du deuxième ordre. Citons :

- Somme de fréquence
- Différence de fréquence
- Génération de second harmonique (doublage de fréquence)
- Amplification paramétrique
- Effet électro-optique (Pockels)

Dans ce manuscrit nous limiterons notre étude aux effets du second ordre décrits par la génération de la seconde harmonique.

I-3-1 Importance de la symétrie

$\chi^{(2)}$ est un tenseur dont les propriétés de symétrie spatiale sont identiques à celles du milieu non-linéaire. La connaissance de ces propriétés est nécessaire pour prévoir l'annulation de certains éléments $\chi_{ijk}^{(2)}$, ainsi que les relations internes existant entre eux.

Un matériau possède la symétrie d'inversion lorsque ses constituants élémentaires responsables de la réponse non linéaire sont invariants par parité : échange des directions d'espace $r \rightarrow -r$. Cette propriété de symétrie est vérifiée par les milieux liquides, gazeux, solides amorphes, et par les cristaux centro-symétriques appartenant à 11 des 32 classes cristallines.

Considérons maintenant le cas particulier d'un matériau dit centro-symétrique, ce qui signifie qu'il admet un centre d'inversion et qu'il est donc inchangé par la symétrique ponctuelle $r \rightarrow -r$. En conséquence, la susceptibilité non-linéaire du matériau doit rester identique lors de cette symétrie, d'où l'on peut déduire $\chi^{(2)} = -\chi^{(2)}$ et donc $\chi^{(2)} = 0$. Donc, la réponse non-linéaire du deuxième ordre d'un matériau centro-symétrique est nulle. Ainsi, cette propriété implique que toutes les polarisations non linéaires d'ordre pair sont nulles.

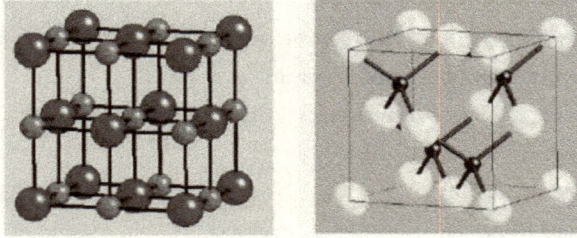

Fig.1: Exemples de structures cristallines : A droite, Blende (ZnS, GaAs, CdTe)

A gauche, (NaCl)

La figure1 montre l'exemple deux différents structure dont celle à droite, représente une structure n'ayant pas la symétrie d'inversion, contrairement, à celle de gauche, ayant une symétrie d'inversion.

En revanche, les processus non-linéaires du troisième ordre décrits par $\chi^{(3)}$ peuvent se produire dans tous les milieux et représente une non linéarité non nulle d'ordre la plus basse.

I-3-2 Doublage de fréquence

Le doublage de fréquence, ou beaucoup plus connue en tant que la génération de seconde harmonique (GSH), est un phénomène non linéaire du second ordre qui fait intervenir la susceptibilité non linéaire d'ordre 2. Il consiste à générer une onde de pulsation double 2ω à partir d'un rayonnement incident à la pulsation ω. Son principe est schématisé sur la figure 2.

Lorsque deux ondes de fréquence ω_1 et ω_2 traversent un milieu non linéaire, il peut se former une onde de fréquence $\omega_3 = \omega_1 + \omega_2$ à la sortie de ce milieu. Si $\omega_1 = \omega_2 = \omega_3$ l'onde émise a une fréquence de 2ω et est dite seconde harmonique. Ce processus ne peut avoir lieu que dans des matériaux non centrosymmétriques.

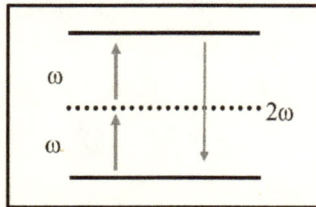

Fig.2: Diagramme quantique du processus de génération de second harmonique

Les traits pleins représentent les niveaux d'énergie réels alors que le trait pointillé symbolise le niveau virtuel qui ne coïncide pas avec les niveaux excités de l'atome: c'est un phénomène non résonnant.

Cette technique est largement utilisée, notamment pour générer de la lumière verte à 532 nm à partir d'un laser Nd:YAG infrarouge à 1064 nm. Certains pointeurs laser verts utilisent cette technique.

I-3-3 La longueur de cohérence

La longueur de cohérence L_c dans un matériau non linéaire est la longueur de propagation pour laquelle l'intensité de l'onde de seconde harmonique obtenue est maximale. Cette grandeur caractérise la différence de phase entre l'onde libre et l'onde liée, et varie avec l'angle d'incidence. Elle peut également s'exprimer en fonction de la différence des vecteurs

d'onde à ω et 2ω, c'est-à-dire $\Delta k = k_{2\omega} - 2k_{\omega}$. On a alors :

$$L_c = \frac{2\pi}{\Delta k} = \frac{\lambda}{4(n_{2\omega} - n_{\omega})} \qquad (1.22)$$

Avec n_{ω} et $n_{2\omega}$ représentent l'indice de réfraction à l'onde fondamentale et l'harmonique générée respectivement.

Cristaux	n_{ω} (à 1064nm)	$n_{2\omega}$ (à 532nm)	L_c (µm)
Quartz (SiO₂)	1.5340	1.5470	20.4
KDP (KTiOPO₄)	1.4837	1.4999	16.5
KTP (KH₂PO₄)	1.7688	1.8149	5.8
LNO (LiNbO₃)	2.2100	2.2830	3.6

Tableau 3: Longueur de cohérences de quelques cristaux usuels.

D'une manière générale, la Longueur de cohérence des matériaux non linéaires varie de quelques µm à quelques dizaines de µm [10], voir quelques matériaux usuels en tableau ci-dessus.

I-3-4 Franges de Maker

La méthode des franges de Maker a été développée dans le but de mesurer les coefficients non linéaires d'un matériau. Elle consiste à enregistrer le signal harmonique généré dans l'échantillon en fonction de l'angle d'incidence du laser de pompe sur l'échantillon.

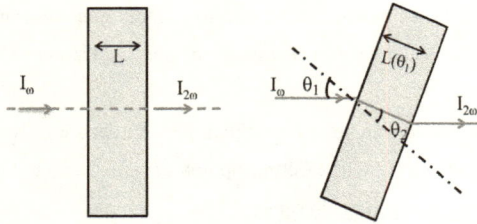

Fig.3: Schéma illustrant la variation de la longueur effective L en fonction de l'angle incident θ_1.

En effet lorsque l'on fait varier la longueur effective L du milieu traversé par l'onde fondamentale en changeant continûment l'angle d'incidence de cette onde sur le matériau (figure 3), l'interaction entre l'onde libre et l'onde forcée donne lieu à des interférences, se propageant à une fréquence 2ω [11].

La longueur du cristal effectivement traversée par la lumière dépend de l'angle d'incidence θ sur le cristal. L'intensité $I_{2\omega}$ transmise si (L>>Lc) présente alors une suite alternée de maxima et de minima formant ce que l'on nomme des franges de Maker. La figure 4 (ci-dessous), représente un exemple de frange de Maker en fonction de l'angle incident θ_i.

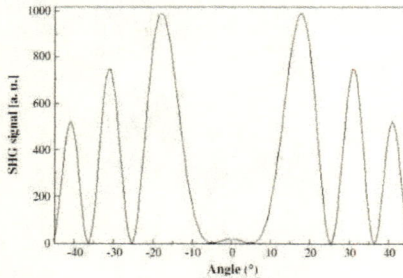

Fig. 4: Représentation des franges de Maker en fonction de l'angle incident θ_i.

I-3-5 Accord de phase

S'il est délicat de parler de propagation pour une onde forcée, la résolution des équations de Maxwell montre l'existence d'une onde libre de polarisation se propageant à la fréquence 2ω avec un vecteur d'onde $k(2\omega)$. L'onde forcée, contrairement à l'onde libre, ne se propage pas dans le matériau. Elle est créée au passage de l'onde incidente de fréquence ω.

Ces deux ondes libre et forcée vont donc interférer tout au long de leur propagation au sein du matériau. Le transfert d'énergie $\omega \to 2\omega$ sera optimal lorsque ces deux ondes oscilleront en phase, c'est à dire lorsque $\Delta k = 0$. On appelle cette condition l'accord de phase.

La condition d'accord de phase est vectorielle et peut s'écrire:

$$2\vec{k}(\omega) - \vec{k}(2\omega) = 0 \quad (1.23)$$

$\vec{k}(\omega)$ et $\vec{k}(2\omega)$ sont les vecteurs d'onde des ondes fondamentale de pulsation ω et doublée de pulsation 2ω respectivement.

Ainsi, pour le doublement de fréquence, l'accord de phase se traduit part une condition sur les indices de réfraction aux fréquences ω et 2ω. En écrivant les modules des vecteurs en fonction

des fréquences et des indices vus par les ondes, on a:

$$\left|\vec{k_\omega}\right| = \frac{n_\omega \omega}{c} \quad (1.24)$$

$$\left|\vec{k_{2\omega}}\right| = \frac{n_{2\omega} 2\omega}{c} \quad (1.25)$$

Où $n_\omega = n(\omega)$, $n_{2\omega} = n(2\omega)$ sont les indices vus par les ondes fondamentale et doublée et c est la vitesse de la lumière dans le vide.

Ceci implique que la condition d'accord de phase aura lieu lorsque :

$$n(2\omega) = n(\omega) \quad (1.26)$$

Il faut cependant remarquer que, si l'on travaille dans la région de transparence des matériaux, la condition des indices n'est jamais vérifiée à cause de la dispersion normale ($n_\omega < n_{2\omega}$). L'utilisation des matériaux anisotropes biréfringents se révèle donc nécessaire si l'on veut remplir les conditions d'accord de phase.

Le respect de cette condition est très important lors de la conversion de l'onde fondamentale dans la mesure où un faible écart de la propagation de l'onde de second harmonique par rapport à sa direction optimale de propagation entraîne une baisse considérable de l'efficacité de la SHG [2].

I-3-6 Désaccord de phase

L'onde incidente de pulsation ω se propage dans le milieu avec la vitesse de phase $v_\omega = c/n(\omega)$. Elle génère sur son passage une onde réponse de pulsation ω, qui se propage, elle aussi, à la vitesse de phase v_ω, et avec laquelle elle est en phase et interfère constructivement. Cela donne l'onde totale de pulsation ω se propageant dans le milieu.

Sur son passage, l'onde incidente génère aussi une onde de pulsation 2ω se propageant avec la vitesse de phase $v_{2\omega} = c/n(2\omega)$. A cause du phénomène de dispersion, on a généralement n(2ω) ≠ n(ω) et donc des vitesses différentes pour l'onde incidente et pour l'onde de fréquence double. Cela signifie que l'onde de fréquence double est en avance ou en retard par rapport à l'onde qui lui donne naissance : il y a un désaccord de phase entre ces deux ondes, qui empêche l'interférence constructive entre l'onde de pulsation 2ω créée en un point et celle

arrivant en ce point après avoir été créée un peu plus en amont.

Il peut être exprimé par :

$$\Delta k = k(2\omega) - 2k(\omega) = \frac{4\pi}{\lambda(\omega)} (n_{2\omega} - n_\omega) \qquad (1.27)$$

I-4 Phénomènes d'optique non linéaires du troisième ordre

Nous allons à présent nous intéresser aux effets associés au terme du troisième ordre de la susceptibilité non linéaire. Dans ce cas la, la polarisation dépend du cube de l'amplitude du champ électrique ($P^{(3)} = \chi^{(3)} E^{(3)}$), ce qui peut donner lieu à un certain nombre de phénomènes d'optiques non linéaire différents.

I-4-1 Origine des effets cubiques

En présence d'effets non linéaires provenant d'une source excitatrice intense comme le laser, le matériau devient le siège d'un certain nombre de processus (échauffement, électrostriction) qui peuvent se produire et conduire à des changements de propriétés.

Il existe différents mécanismes qui peuvent contribuer à la réponse non linéaire du troisième ordre. On peut isoler quatre contributions à l'indice non linéaire ayant différentes origines : électrostrictive, nucléaire, électronique et thermique [12] :

- Les processus électroniques très rapides, de l'ordre de la femtoseconde $\tau \approx 10^{-15}$ s. Ils sont dus à la distorsion du nuage électronique sous l'effet du champ électrique et du potentiel créé par le squelette moléculaire figé.

- Les processus nucléaires sont dus aux vibrations et rotations des molécules. Leurs lentes mobilités par rapport aux mouvements électroniques induisent des temps de réponse qui peuvent être beaucoup plus longs (entre 100fs et quelques nanosecondes)

- Les processus électrostrictifs sont dus aux propagations d'ondes acoustiques induites par le faisceau laser dans le matériau. Les temps de réponses de ces effets sont typiques du temps de parcours d'une onde acoustique dans un matériau, c'est à dire de l'ordre de la nanoseconde.

- Les processus thermiques (variation de température induite par absorption): dans un milieu absorbant, l'énergie absorbée finit par retourner à la translation et provoque une élévation locale de la température et par conséquent une variation de l'indice de réfraction. Ce processus généralement lent est par contre très souvent très efficace.

I-4-2 Triplage de fréquence

On peut décrire le triplage de fréquence ou aussi la génération de la troisième harmonique (THG) comme un événement de diffusion non linéaire combinant trois photons d'énergie ω pour donner un photon d'énergie 3ω. L'expression "troisième harmonique" vient du fait que pour une longueur d'onde initiale (fondamentale), on génère la longueur d'onde trois fois plus petite. On obtient donc une fréquence trois fois plus importante.

Ce phénomène n'a lieu que lorsque les trois photons arrivent sur la molécule dans un intervalle de temps très court, c'est-à-dire si l'intensité instantanée du faisceau excitateur est très importante.

Le processus peut également être représenté en termes d'excitation des molécules du milieu : une molécule donnée est excitée jusqu'à un niveau « virtuel » qui ne correspond pas à l'un de ses états propres. Cet état est donc instable et la molécule diffuse instantanément un photon d'énergie triple sans absorber d'énergie.

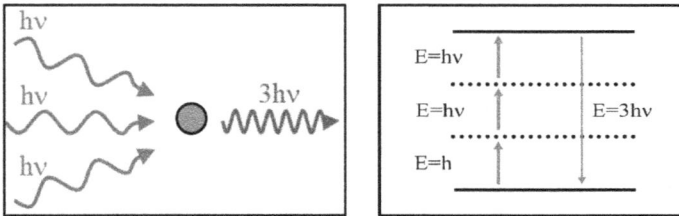

Fig. 5: Diagramme quantique du processus de génération de troisième harmonique.

La génération de troisième harmonique est un phénomène bien compris et relativement bien modélisé. Comme pour la génération de deuxième harmonique, il est nécessaire d'avoir une condition d'accord de phase qui permette le recouvrement entre le faisceau à la fréquence fondamentale et le faisceau naissant à l'harmonique trois. Cette condition peut être satisfaite dans des matériaux anisotropes.

I-4-3 L'absorption à deux photons

L'absorption à deux photons a été prévue théoriquement en 1931 par Maria Göppert-Mayer à partir d'un traitement perturbatif de l'Hamiltonien d'interaction entre une onde lumineuse et la matière [13]. C'est durant sa thèse en physique, qu'elle a démontré théoriquement l'existence de ce phénomène (A2P) en 1929. La première mise en évidence expérimentale de ce phénomène n'a eu lieu que 30 ans plus tard lors de l'apparition des lasers. Dès lors, de nombreux autres travaux et théoriques se sont évertués à décrire ce processus et l'on trouve dans la plupart des livres d'optique non linéaire différents modèles à même de l'illustrer [4,5,14].

L'absorption à deux photons (A2P) est un effet non linéaire du troisième ordre. C'est un processus optique par lequel deux photons sont absorbés simultanément pour permettre à un système de passer d'un état d'énergie inférieure (ou état fondamental) à un état d'énergie plus élevée (état excité). Voir la figure ci-dessous :

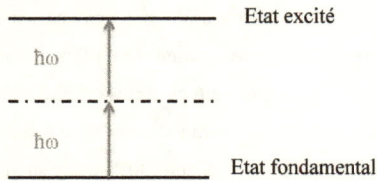

Fig.6: Schématisation de l'absorption à deux photons avec une onde incidente de fréquence ω.

La différence d'énergie entre les états inférieurs et supérieurs impliqués de la molécule est égale à la somme des énergies des deux photons.

Aux basses longueurs d'ondes, les photons sont absorbés par le matériau au cours des transitions électroniques entre bande de valence et de conduction. Aux hautes longueurs d'ondes, l'absorption des photons se fait par les vibrations interatomiques du matériau.

La probabilité du processus d'absorption à deux photons est plus faible en comparaison à l'absorption à un photon, d'où la nécessité d'utiliser une source lumineuse suffisamment intense. Et puisqu'il s'agit d'un processus du troisième ordre, donc il sera évident de s'intéresser à la susceptibilité non linéaire $\chi^{(3)}$ qui représente un nombre complexe et qui peut s'écrire sous forme :

$$\chi^{(3)} = \chi'^{(3)} + i\chi''^{(3)} \qquad (1.28)$$

La partie réelle de cette susceptibilité non-linéaire du troisième ordre $\chi'^{(3)}$ est plus connue sous le nom d'indice non-linéaire car elle est responsable des variations non linéaires de l'indice de réfraction. Elle intervient dans de nombreux effets comme l'autofocalisation ou la bistabilité.

Cette partie réelle est reliée à l'indice de réfraction non linéaire n_2 par la relation [15] :

$$\chi'^{(3)}(esu) = \frac{10^{-6} c n_0^2}{480 \pi^2} \gamma' \qquad (1.29)$$

Où n_0 représente l'indice linéaire de réfraction du milieu et c la vitesse de la lumière dans le vide.

Quant à la partie imaginaire de la susceptibilité du troisième ordre $\chi''^{(3)}$, elle correspond aux processus impliquant des transferts d'énergie et liée aux phénomènes d'absorption non linéaire, c'est l'absorption à deux photons. Le coefficient de l'absorption non linéaire β est relié à cette partie imaginaire par la relation suivante :

$$\chi''^{(3)}(esu) = \frac{10^{-7}c^2n_0^2}{96\pi^2\omega}\beta \quad (1.30)$$

Où ω représente la pulsation de l'onde incidente.

I-4-4 Applications du processus d'ADP

De nombreuses applications ont été développées à partir du processus de l'absorption à deux photons (ADP) , telles que la limitation optique, le stockage optique 3-D de l'information, l'imagerie biomédicale, la micro-fabrication (Figure 7) et la thérapie photodynamique [16,17].

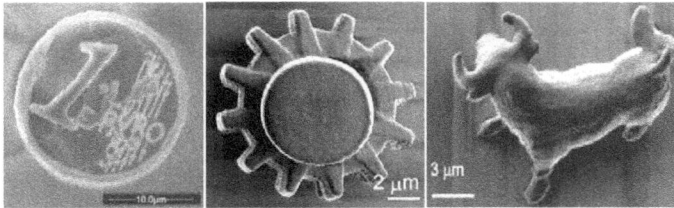

Fig.7: Microfabrication d'objets en 3D par photopolymérisation induite
par excitation à deux photons.

Elle peut également être mise à profit pour envisager la création de circuits optiques de très faibles dimensions, dans lesquels la lumière sera non seulement canalisée mais également traitée et distribuée, ouvrant ainsi, pour le futur, la voie à des circuits optiques intégrés organiques.

I-4-5 Effet Kerr optique

Découvert en 1875 par le physicien écossais John Kerr, l'effet Kerr est l'un des processus non linéaires d'ordre trois. C'est une biréfringence causée par la polarisation électronique et nucléaire des molécules sous l'effet de la lumière. La réponse électronique est essentiellement instantanée, alors que la polarisation nucléaire implique une réorientation des molécules.

Lorsque le champ électrique est interrompu, la biréfringence d'origine électronique disparaît instantanément, alors que la décroissance de la biréfringence nucléaire nécessite à nouveau la réorientation moléculaire.

Ce phénomène se réfère à la dépendance en intensité de l'indice de réfraction. Il se traduit par une modulation de l'indice de réfraction du milieu non linéaire en fonction de l'intensité de l'onde qui traverse le matériau. C'est cet effet qui est à l'origine de l'auto-focalisation (self-focusing) des faisceaux lasers de très forte intensité.

La modulation de l'indice de réfraction due à l'effet Kerr optique devient alors

$$n = n_0 + n_2 \left| E \right|^2 \qquad (1.31)$$

Où n_0 représente l'indice de réfraction linéaire du milieu, $\left| E \right|^2$ est la moyenne temporelle quadratique du champ, par exemple le carré de l'amplitude du champ dans le cas harmonique [18]. Où n_2 est le coefficient non-linéaire caractéristique du matériau.

Dans sa plus simple forme, l'indice n_2 est couramment défini comme :

$$n = n_0 + n_2 I \qquad (1.32)$$

On peut isoler quatre contributions à l'indice non linéaire ayant différentes origines dont on a détaillé auparavant. Et donc, l'indice non linéaire peut aussi prendre la forme suivante :

$$n_2 = n_{2\acute{e}lectronique} + n_{2nucl\acute{e}aire} + n_{2\acute{e}lectrostr\acute{e}ctive} + n_{2thermique} \qquad (1.33)$$

L'indice de réfraction non linéaire n_2 est directement relié à la partie réelle de la susceptibilité non linéaire d'ordre trois $\chi^{(3)}$ suivant l'expression (1.29) déjà précisée auparavant.

Conclusion

L'optique non linéaire se base sur l'interaction rayonnement/matière dans le cas de l'utilisation d'intensités d'éclairement élevées. Sous l'effet de champs intenses, les propriétés optiques du matériau sont modifiées, et cela peut, en retour, changer l'onde ou les ondes électromagnétiques qui le traversent.

Nous avons présenté brièvement au cours de ce chapitre différentes approches rapportées dans la littérature portant sur les phénomènes de l'optique non linéaire en introduisant la notion de polarisation et de susceptibilité non linéaire, ainsi que l'origine physique de la non linéarité microscopique et macroscopique et les différents types d'interaction non linéaire. Cela nous a ramené à l'étude de la propagation non linéaire qui génère des phénomènes dû aux non linéarités du matériau.

Dans ce travail de thèse, nous nous sommes intéressés plus particulièrement aux propriétés particulières des susceptibilités non linéaires du deuxième et troisième ordre des composés organiques qui seront détaillés dans les chapitres qui suivent.

Références

[1] P.A. Franken, A.E. Hill, C.W. Peters, G. Weinreich, *Phys. Rev. Lett.,* (1961), 7, 118.

[2] J.A.Armstrong, N.Bloembergen, J.Ducuing and P.S.Pershan, Interaction between light waves in a non linear dielectric, Phys. Rev., 127, 1918(1962).

[3] R. Sutherland, Handbook of Nonlinear Optics, 2nd Edition, Marcel Dekker, 2003.

[4] Y. Shen, The Principles of Nonlinear Optics, Wiley-Interscience, 1984.

[5] R. Boyd, Nonlinear optics, Academic press, INC., 1992.

[6] D.A. Kleinman, Phys. Rev. 26 (1962) 1977

[7] N.Bloembergen, Nonlinear Optics, W.A.Benjamin Inc. (1965).

[8] R. W. BOYD, Nonlinear Optics, Academic Press, San Diego, 2 ed., 2003.

[9] P. N. Butcher et D. Cotter, The Elements of Nonlinear Optics (Cambridge Univ. Press, Cambridge, 1990).

[10] Dmitriev V.G., Handbook of Nonlinear Optical Crystals, Springer (1997).

[11] P. D. Maker, R. W. Terhune, M. Nisenoff, and C. M. Savage, Phys. Rev. Lett., vol. 8, pp. 21–22, Jan.1962.

[12] A. Royon, L. Canioni, B. Bousquet, M. Couzi, V. Rodriguez, C. Rivero, T. Cardinal, E. Fargin, M. Richardson and K. Richardson, Phys. Rev B. (2007), 75, 104207

[13] M. Göppert-Mayer, Ann. Phys., 273–294 (1931).

[14] P. N. Butcher et D. Cotter, The Elements of Nonlinear Optics (Cambridge Univ. Press, Cambridge, 1990).

[15] S. Couris, E. Koudoumas, A.A. Ruth, S. Leach, J. Phys. B: At. Mol. Opt. Phys. 28 (1995) 4537.

[16] Kawata, S. et al.,Nature, 2001, 412, 697.

[17] I. Wang, M. Bouriau, P.L. Baldeck, Optics Letters, Vol. 27, No. 15, 2002, pp. 1348-1350.

[18] G. P. Agrawal, Nonlinear Fiber Optics, Academic Press, San Diego, 3 ed., 2001.

Chapitre II

Description des outils et méthodes expérimentaux pour la caractérisation optique linéaire et non linéaire

Chapitre II

Table des matières

Chapitre II :

Description des outils et méthodes expérimentaux pour la caractérisation optique linéaire et non linéaire.

Introduction

Le chapitre précédent a permis de définir le domaine de l'optique non linéaire, de connaître les différents mécanismes qui peuvent mener à un ou des phénomènes produits dans ce cadre.

Le but poursuivi dans ce manuscrit est de mesurer ainsi que de calculer les paramètres permettant d'aboutir aux informations sur l'origine d'une non linéarité optique produite au sein d'un système quelconque.

Ce chapitre a donc pour but de présenter en détail les méthodes expérimentales en s'appuyant sur les études expérimentales et théoriques de la littérature. Nous allons donc décrire les processus expérimentaux intervenant dans notre étude, ainsi que les techniques utilisées pour étudier les effets optique linéaires et non linéaires du deuxième et troisième ordre. Chaque dispositif expérimental mis en œuvre sera détaillé de manière complète.

II-1 Caractérisations linéaires expérimentales, spectres d'absorption UV-Visible

II-1-1 Généralité sur l'absorption linéaire

Lorsqu'un matériau est soumis à une onde lumineuse d'intensité I_0 celle-ci peut être diffusée (I_d), réfléchie (I_r), absorbée (I_a) ou transmise (I). L'intensité I de la lumière transmise est donc inférieure à I_0. Le rapport de ces deux intensités (l'intensité transmise et incidente), peut nous renseigner sur la valeur de l'absorbance (A) autant que pour la transmission (T), pour un matériau quelconque. Et cette quantité est mesurable par la technique d'absorption UV-Visible. Cette dernière nous renseigne sur les transitions électroniques et peut également donner des informations sur la concentration d'un milieu.

Le pic d'un spectre d'absorbance est caractérisé par sa longueur d'onde, λ, exprimée en nm et

son intensité caractérisée par son coefficient d'extinction molaire, ε.

Fig. 1 : Illustration du faisceau de lumière incident I_0 traversant une cuvette de quartz. Le faisceau sortant est désigné par I.

L'absorbance est une valeur positive, sans unité. Elle est d'autant plus grande que l'intensité transmise est faible. Ainsi que, plus l'échantillon est concentré, plus il absorbe la lumière dans les limites de proportionnalité énoncées par la loi de Beer-Lambert. Cette dernière est aussi connue comme la loi de Beer-Lambert-Bouguer et peut s'exprimer de la forme suivante:

$$I = I_0 . e^{-\varepsilon l c} \qquad (2.1)$$

L'absorbance du composé est définie pour chaque longueur d'onde par :

$$A = \log \frac{I_0}{I} = -\log T \qquad (2.2)$$

T (qui n'a pas d'unité) est la transmission de l'échantillon à la longueur d'onde (λ) sélectionnée. Il y a bien une dépendance logarithmique entre T et l'absorbance A.

$$A = \varepsilon l c \qquad (2.3)$$

ε (la lettre grecque epsilon) représente l'absorptivité molaire, aussi parfois appelé coefficient d'extinction molaire, ($mol^{-1} \cdot L \cdot cm^{-1}$), c est la concentration de la solution (mol/L) et l, la distance parcourue par le faisceau dans l'échantillon, soit la largeur de la cuvette (cm).

II-1-2 Spectres d'absorption UV-Visible

La première étape de la caractérisation des échantillons consiste à déterminer la bande d'absorption des composés étudiés. Un spectre UV-Vis est en règle générale le tracé de l'absorbance en fonction de la longueur d'onde (usuellement en nm).

Les spectres d'absorption UV-Visible durant ce travail ont été enregistrés sur un appareil Perkin Elmer Lambda 19. Les positions des bandes d'absorption sont exprimées en nm et les coefficients d'extinction molaire, ε, en $L.cm^{-1}.mol^{-1}$.

II-2 Méthodes de préparation des couches minces

Les matériaux élaborés sous forme de couches minces ont connu un grand succès au cours des deux dernières décennies dans le domaine de la recherche et aussi en application, car la surface des ces couches peut être responsable de nombreuses propriétés. Une majorité des scientifiques préfèrent utiliser aussi l'expression « films minces ».

Les propriétés physiques des matériaux sont étroitement liées à leur micro/nanostructure. Le contrôle de la croissance des couches minces nous permet de mieux comprendre les comportements de ces nouveaux matériaux [1].

Notre étude a été basée dans une première partie sur la préparation des couches homogènes et de bonne qualité afin de pouvoir mener ce travail de recherche dans des bonnes conditions.

Plusieurs méthodes ont été développées pour le dépôt des couches sur un substrat donné [2]. Le choix de la méthode de dépôt dépend des caractéristiques du substrat telles que sa géométrie ou sa taille. Les méthodes présentées dans cette section sont les plus utilisées dans ce travail.

II-2-1 La technique de « Spin-coating »

Spin-coating est une méthode rapide et pas cher pour produire des couches homogènes. Elle a l'avantage d'être facilement mise en œuvre. Elle consiste à déposer quelques gouttes de la solution sur le substrat et faire tourner l'échantillon une première fois assez lentement pour étaler la goutte entièrement sur la plaque et une deuxième fois à vitesse élevée pour évaporer le solvant et jouer sur l'épaisseur [3].

Cette méthode de dépôt peut être décomposée en différentes phases schématisées sur la figure ci-dessous (figure2) :

a. le dépôt de la solution

b. le début de la rotation : la phase d'accélération provoque l'écoulement du liquide vers l'extérieur du support

c. la rotation à vitesse constante permet l'éjection de l'excès de liquide sous forme de gouttelettes et la diminution de l'épaisseur du film de façon uniforme

d. l'évaporation des solvants les plus volatils qui accentue la diminution de l'épaisseur du film déposé.

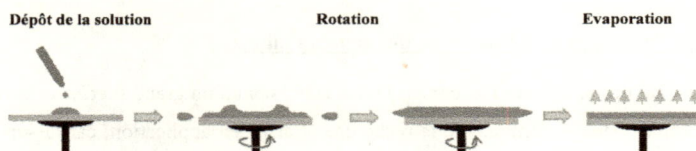

Fig.2: Schéma du dispositif expérimental utilisé pour la technique
de spin-coating.

L'épaisseur du film peut être ajustée en faisant varier la vitesse de rotation, le temps de rotation, et la concentration de la solution utilisée.

Les substrats fréquemment utilisés sont des lames de verre. La première étape consiste à nettoyer le substrat. Le nettoyage dépend de la nature du celui-ci. Il est donc placé successivement dans des bains d'acétone puis agité par ultrasons. Ce dernier étant particulièrement volatil, son usage facilite le séchage du substrat.

L'utilisation de ces substrats est un avantage pour l'étude des non linéarités optiques du second ordre, car c'est une structure amorphe qui ne génère donc pas de second harmonique, mais également pour les non linéarités du troisième ordre puisqu'il génère un signal de troisième harmonique relativement faible.

II-2-2 La technique de dépôt par laser pulsé (PLD)

L'histoire de l'ablation laser débute en 1965 avec la réalisation de couches pour l'optique par Smith et Turner en utilisant comme source d'évaporation un laser à rubis [4]. Et ce n'est qu'en 1987, après le succès des films minces supraconducteurs à haute température critique, que la PLD a acquis une grande notoriété au sein de la communauté scientifique. Depuis, le nombre de publications s'appuyant sur cette technique augmente d'une manière quasi-exponentielle d'année en année. Cette technique est souvent plus connue par son nom anglais: Puled laser deposition (PLD).

La méthode consiste à diriger un faisceau laser pulsé (UV et non IR pour éviter de surchauffer le matériau) sur une cible constituée du matériau à déposer ; au contact de ce faisceau, de la matière va s'arracher pour venir se déposer sur le substrat placé en face de l'impact laser.

Plus l'impact est temporellement court, mieux c'est. C'est l'une des applications des lasers femtosecondes. En effet, un impact trop long chauffe la cible et crée une légère évaporation, ce qui est défavorable.

Pour le dispositif expérimental, un laser (EMG120 Lambda Physik UV TEA N2) à une longueur d'onde de 337,1 nm avec une durée d'impulsion de 5 ns et un taux de répétition de 20 Hz a été utilisé (impulsion d'énergie-5 mJ) [5].

Le faisceau laser a été focalisé par l'intermédiaire d'une lentille d'une distance focale de 5 cm (f = 5 cm), tandis que la densité d'énergie du laser a été varié de 200 mJ/cm² à 3,5 mJ/cm².

Le support du cible ou autrement dit porte-cible a été mis en rotation avec une vitesse allant jusqu'à 500 tour / min. Le porte-substrat est placé dans l'enceinte au-dessus du système porte-cible. Il est équipé d'un minimoteur destiné à un fonctionnement sous ultra-vide.

Toutes les expériences ont été effectuées à la température ambiante et sous vide de 10^{-3} mbars, qui a été obtenu en utilisant deux types de pompes rotatives.

Les substrats de verre classique ont été nettoyés dans un bain à ultrasons avec de l'acétone et de l'éthanol pur, avant le processus de dépôt. Par la suite, ils ont été séchés au moyen d'azote technique dans le but d'évaporer du solvant [6].

Cette technique de dépôt permet d'obtenir des films de meilleure qualité que ceux obtenus avec d'autres méthodes de dépôt comme l'évaporation ou la pulvérisation cathodique ou bien encore par le procédé sol-gel. Les principaux avantages de cette technique sont la possibilité d'obtenir des films de haute densité, avec une stœchiométrie contrôlée, de manière relativement simple comparée à d'autres méthodes de dépôts sous vide et sans contamination extérieure.

II-3 Analyse de surface

II-3-1Microscope à force atomique

II-3-1-1 Historique

En 1981 Gerd Binnig et Heinrich Roher du laboratoire IBM de Zurich ont montré que l'on pouvait former une image des atomes d'une surface conductrice en mesurant le courant tunnel circulant entre cette surface et une fine pointe conductrice déplacée à son voisinage. L'excellente résolution de ce microscope dit '*à effet tunnel*' et la possibilité d'imager des surfaces dans l'espace direct, furent le point de départ du développement de ces nouvelles microscopies à sonde locale. L'AFM bénéficiera d'un essor important pour les matériaux isolants. En effet, le succès du microscope à force atomique est principalement dû à la possibilité d'imager la structure, à l'échelle atomique, de très nombreuses surfaces, alors que le STM ne permet d'imager que des surfaces conductrices (métaux ou semi-conducteurs).

II-3-1-2 Définition

Le microscope à force atomique (ou AFM pour atomic force microscope) est un dérivé du microscope à effet tunnel (ou Scanning Tunneling Microscope, STM), qui peut servir à visualiser la topologie de la surface d'un échantillon ne conduisant pas l'électricité.

L'utilisation première de l'AFM a donc été l'analyse topographique tridimensionnelle des surfaces, avec une très haute résolution pouvant aller jusqu'à la résolution atomique.

Cette technique permet aussi d'obtenir des informations sur les propriétés de surface telles que les propriétés viscoélastiques, études tribologiques, mesure de forces d'adhésion, possibilité d'imager les composantes magnétiques ou électriques. Les études peuvent être réalisées sur tous types d'échantillons : métaux, polymères, molécules adsorbées... échantillons sous forme de pièces, de films, de fibres, de poudres, que ce soit à l'air, en atmosphère contrôlée ou en milieu liquide ou encore en ultra-vide.

Il y a 3 modes principaux AFM:

• Mode contact : la pointe vient directement en contact avec la surface à étudier et qui a été utilisé dans le long de ce travail.

• Mode oscillant ou plus connu sous le nom de Tapping : la pointe a un mouvement oscillant et vient au contact de l'échantillon par intermittence.

• Mode oscillant sans contact : la pointe oscille mais ne vient jamais au contact de l'échantillon.

II-3-1-3 Montage expérimental

Le principe de l'AFM (figure 3) consiste à mesurer les différentes forces d'interaction entre une pointe, idéalement terminée par un atome, fixée à l'extrémité d'un bras de levier et les atomes de la surface d'un matériau (forces de répulsion ionique, forces de van der Waals, forces électrostatiques, forces de friction, forces magnétiques...). On appelle donc sonde AFM, la combinaison de cette pointe et de ce levier. La déflexion du levier est mesurée grâce au positionnement d'un faisceau laser sur la face supérieure de celui-ci, le faisceau est réfléchi sur un miroir puis tombe sur des photo-détecteurs qui enregistrent le signal lumineux.

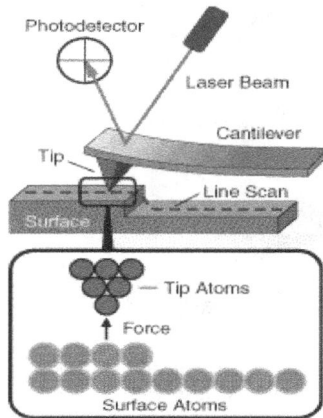

Fig.3 : Principe de fonctionnement du microscope à force atomique.

Les déplacements x, y, z se font grâce à une céramique piézo-électrique. Le balayage en x, y peut aller de quelques nanomètres à une centaine de microns. La sensibilité en z est de l'ordre de la fraction de nanomètre et le déplacement en z peut aller jusqu'à 6 μm.

II-3-2 Microscopie électronique à balayage

II-3-2-1 Fonctionnement du MEB

La microscopie électronique à balayage (MEB ou SEM pour Scanning Electron Microscopy en anglais) est une technique de microscopie électronique capable de produire des images en haute résolution de la surface d'un échantillon en utilisant le principe des interactions électrons-matière.

Le principe général de son fonctionnent est simple. L'échantillon à observer est balayé par un faisceau électronique et on vient détecter les électrons secondaires de très faible énergie qui sont produits suite au bombardement de l'échantillon. Ces électrons secondaires sont amplifiés, détectés puis interprétés pour reconstruire une image en fonction de l'intensité du courant électrique produit. Le MEB réalise donc une topographie de l'échantillon à analyser, c'est pourquoi le MEB fournit des images en noir et blanc où chaque nuance de gris est le résultat de l'intensité du courant détecté.

II-3-2-2 Montage expérimental

Le MEB peut relever la morphologie des couches ce qui permet de s'assurer de leur homogénéité morphologique.

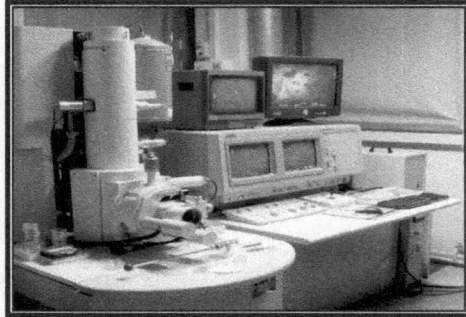

Fig.4: Le Microscopie électronique à balayage utilisé dans le service commun d'Imageries et d'Analyses Microscopiques SCIAM de l'université d'Angers.

Les images MEB réalisées dans nos études sont faites dans le service commun d'Imageries et d'Analyses Microscopiques (SCIAM) de l'université d'Angers. Le MEB, dont l'image est donnée dans la figure 4, a les caractéristiques suivantes :

- Emission d'électrons (effet de champ - FEG)
- Tension d'accélération de 0,5 à 30 kV
- Grandissement de 10 à 450 000
- Résolution 2 nm
- Imagerie numérique
- Rotation électronique de l'image
- Platine X, Y, Z et tilt +60°

Avec les équipements associés suivants:

- Logiciel de vidéo-communication
- Appareil à point critique Baltec CPD 030 : dessiccation des échantillons
- Métalliseur Baltec MED 020 : dépôt de Carbone ou d'Or

Différents domaines utilisent ce service Biologie animale, Biologie santé, Biologie végétale, Biologie marine, Matériaux, Géologie, Environnement, Physique, Chimie et aussi Electronique.

II-4 Caractérisations optiques non linéaires expérimentales du deuxième ordre

Une source laser est capable de générer une onde électromagnétique monodirectionnelle cohérente. Deux régimes différents de sources laser sont à distinguer, et se différencient par leur puissance instantanée: le laser continu, qui délivre une puissance uniforme au cours du temps, et le laser impulsionnel, qui délivre une puissance instantanée élevée à un instant t.

II-4-1 la génération de la seconde harmonique

La méthode des franges de Maker a été développée dans le but de mesurer les coefficients non linéaires d'un matériau. Cette mesure consiste à déterminer l'intensité de l'onde de second harmonique en fonction de l'angle d'incidence de l'onde de pompe.

En effet, la génération de second harmonique est interdite dans les milieux possédant un centre d'inversion ce qui rend ce processus extrêmement sensible aux symétries.

II-4-1-1 Montage expérimental

La caractérisation des propriétés optiques non-linéaires des matériaux d'ordre deux est alors faite par la SHG. Autrement dit, La méthode des franges de Maker sera utilisée pour déterminer l'intensité du signal de la second harmonique en fonction de l'angle incident θ. Le principe de cette technique a été développé en chapitre I.

Par conséquent, pour obtenir un signal détectable, il est nécessaire d'utiliser d'une part des champs optiques intenses, et d'autre part de disposer d'un détecteur de grande sensibilité. On utilise généralement un laser impulsionnel (forte puissance) ainsi qu'un photomultiplicateur pour détecter l'intensité de l'onde harmonique.

Pour cette technique, l'excitation est assurée par un laser Nd :YAG en mode-locked qui produit des impulsions en régime picoseconde, à une longueur d'onde à 1064 nm, d'une durée de 30 ps, à un taux de répétition de 10 Hz.

Deux lames séparatrices (BS) prélèvent une partie du faisceau incident sur une première photodiode (Ph1) pour synchroniser l'acquisition et sur une deuxième photodiode (Ph2) pour prélever l'énergie du faisceau fondamental.

La direction de la polarisation ayant une influence sur les propriétés non-linéaires, il est nécessaire de pouvoir ajuster la polarisation incidente sur l'échantillon. Nous avons donc inséré un ensemble d'un système constitué d'un polariseur de Glan-Taylor (P) et d'une lame demi onde ($\lambda/2$) dont le but est que l'intensité et la polarisation soient précisément ajustée.

Une lentille convergente (L), de distance focale 250 mm, permet de focaliser le faisceau sur l'échantillon dont l'axe de rotation est placé près du foyer de cette lentille. Une platine optique de rotation (RS) motorisée a été approvisionnée et fixée sur une platine de translation manuelle de façon à optimiser la position de l'axe de rotation et de l'échantillon vis-à-vis du faisceau laser incident et donc permet une rotation de l'échantillon.

Un deuxième polariseur ou autrement dit, un analyseur est positionné juste après l'échantillon, offert la possibilité de changer la direction de polarisation de détection entre S et P. Cela nous permet une étude de différentes configurations de polarisations.

Ensuite, L'onde continue sa propagation vers un ensemble filtrant constitué d'un filtre (KG3) pour couper le faisceau fondamental et un filtre sélectif interférentiel à 532 nm (FL532) pour préserver que le signal SHG. La détection du signal doublé est assurée par un tube photomultiplicateur (PMT) connecté à un oscilloscope numérique synchronisé avec le laser et à un ordinateur afin d'enregistrer le signal. La programmation des procédures de commande et d'acquisition utilise le logiciel Labview. Il nous est ensuite possible de tracer le signal de la seconde harmonique en fonction de l'angle incidente. Des filtres (ND) de Densité Neutre ont été toujours placés avant le PMT pour éviter la saturation.

Le montage utilisé pour les expériences de la génération de la seconde harmonique est schématisé sur la figure 5.

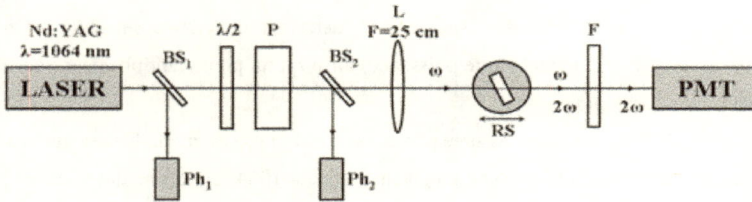

Fig.5 : Le montage principal des mesures de la génération de la seconde harmonique (SHG): BS_1, BS_2- lames séparatrices, Ph_1, Ph_2- photodiodes, $\lambda/2$- lame demi-onde, P- polariseur, A- analyseur, L- lentille, RS-moteur de rotation, F- filter/s, PMT- tube photomultiplicateur.

Dans le dispositif expérimental utilisé et pour mettre en évidence la génération de la seconde harmonique, l'échantillon à étudier se présente sous la forme de couches minces.

II-4-1-2 Vérification expérimentale

Pour notre montage expérimental de la génération de la seconde harmonique, nous avons réalisé l'expérience sur une lame de quartz en tant qu'échantillon dont l'épaisseur est 0,5 mm. Le choix de ce matériau était dans le but de calibrer notre montage, car le comportement de la courbe du quartz, qui représente l'intensité du signal doublé en fréquence en fonction de l'angle incidente, est connu. La figure ci-dessous représente ce comportement.

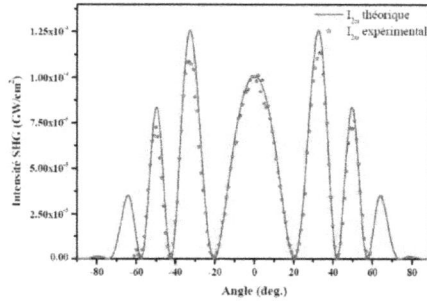

Fig.6 : Franges de Maker expérimentales (courbe continue) et simulées (courbe en pointillés) obtenues sur une lame de quartz.

La courbe continue de la figure 6, montre les franges obtenues d'une manière expérimentale et la courbe en pointillés représente le résultat simulé (théorique).

II-4-2 La technique « Corona poling »

L'interaction lumière-molécule fait de l'alignement et orientation moléculaire des propriétés cruciales pour de nombreux processus. Cependant, Le milieu non linéaire doit être non-centrosymétrique afin d'optimiser l'efficacité de conversion de l'onde fondamental vers l'harmonique. Afin de briser la centrosymétrie pour certains milieux, il faut chauffer le matériau et l'orienter. Cette brisure de symétrie est faisable avec la technique appelée « Corona poling ».

La méthode de Corona poling est largement utilisée, et correspond au traitement thermique sous champ électrique [7]. Elle est basée sur l'application d'un champ électrique à courant continu, tout en chauffant le film près de la température de transition vitreuse (Tg) pour augmenter la mobilité des chromophores

Fig.7: Schéma illustrant l'orientation des molécules par Corona poling.

40

Puis, par encore l'application du champ électrique, (il reste toujours appliqué), le système est refroidi à température ambiante [8,9]. De cette façon, lorsque le champ électrique est coupé, les orientations du dipôle moments restent gelées pendant une longue période en fonction de la structure chimique et la Tg des systèmes.

Le montage expérimental permettant l'orientation des molécules est représenté par la figure suivante (figure 8) :

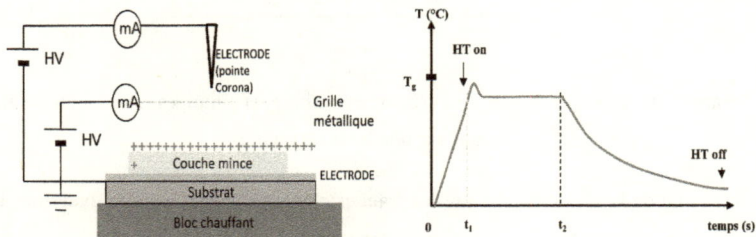

Fig.8: Schéma du dispositif expérimental utilisé pour corona poling.

On peut donc résumer le principe de cette technique par les trois étapes successives et dans différents intervalles de temps :

- Thermalisation : Le système est chauffé à la température de transition vitreuse [0, t_1].
- Application de la tension : une fois l'équilibre thermique atteint, la haute tension est appliquée [t_1, t_2]. Cette dernière n'est désactivée que lorsque la température du système avoisine la température ambiante.
- Refroidissement : Le système est refroidi à température ambiante [t_2, t_3].

Techniquement, l'échantillon qui se présente sous forme de couche mince est soumis à une haute tension ($\sim$ 4,5 kV). Le champ est appliqué par le biais d'une électrode en forme de pointe. L'utilisation d'une pointe est préférable à l'utilisation d'électrodes de contact, car elle présente moins de contraintes et est moins sensible aux défauts du film qui peuvent induire un claquage du diélectrique et un court-circuit [10].

L'orientation des molécules permet alors d'augmenter de manière significative l'efficacité de certains processus, dont la génération de second harmonique fait partie.

II-4-3 Modèles théoriques de calcul de la susceptibilité non linéaire d'ordre deux

Cette section présente le principe de la mesure de la susceptibilité non linéaire du deuxième ordre $\chi^{(2)}$. Beaucoup de travaux de recherche théoriques et des calculs ont été faite afin de déterminer cette grandeur. La caractérisation optique non linéaire est faite par la technique SHG. Il existe différents modèles théoriques permettant de remonter à la valeur de $\chi^{(2)}$ et qui traitent aussi différents cas de matériaux, soit en solution, couche mince, en poudre, matériau massif, etc……

II-4-3-1 Modèle de Lee

Le modèle simplifié de Lee et al. [11] est utilisé pour des couches minces et basé sur la comparaison des propriétés ONL macroscopiques de l'échantillon étudié avec celles du matériau de référence qui est dans ce cas là, une lame de cristal de quartz de 0,5 mm d'épaisseur. Ce modèle simplifié prend en compte l'épaisseur du film d et la longueur de cohérence du quartz $l_{c,q}$:

$$\frac{\chi^{(2)}}{\chi_q^{(2)}} = \frac{2}{\pi} \frac{l_{c,q}}{d} \sqrt{\frac{I^{2\omega}}{I_q^{2\omega}}} \qquad (2.4)$$

$\chi^{(2)}$ et $\chi_q^{(2)}$ représentent respectivement les susceptibilités électriques non linéaires du deuxième ordre du matériau étudié et du quartz, $I^{2\omega}$ et $I_q^{2\omega}$ désignent respectivement les intensités maximales de l'enveloppe du signal de second harmonique du matériau à étudier et du quartz.

Il est nécessaire de disposer d'un matériau de référence pour normaliser l'amplitude des franges obtenues pour l'échantillon étudié. La référence utilisée est donc le quartz, dont la susceptibilité non linéaire d'ordre deux est connue et qui vaut ($\chi_q^{(2)} = 1 pm/V$) [12].

La longueur de cohérence est aussi donnée par l'expression suivant :

$$l_{c,q} = \frac{\lambda_\omega}{4(n_{q(2\omega)} - n_{q(\omega)})} \qquad (2.5)$$

λ_ω est la longueur d'onde du faisceau fondamental (λ_ω=1064 nm), $n_{q(\omega)}$ et $n_{q(2\omega)}$ sont respectivement les indices de réfraction du quartz à la longueur d'onde des faisceaux, fondamental et de second harmonique généré ($n_{q(\omega)}$ =1,534 à 1064nm et $n_{q(2\omega)}$ = 1,547 à 532 nm) [13].

II-4-3-2 Modèle de Jerpahrgnon et Kurtz

En 1970, Jerphagnon et Kurtz étaient les premiers à avoir donné une description théorique des franges [14] que Maker avait observées [15]. Ils considèrent que la puissance de second harmonique induite par la propagation d'une onde fondamentale non déplétée à travers un cristal de longueur L est donnée sur la face de sortie par la relation :

$$I_{2\omega} = I_M(\theta)\sin^2 \Psi \qquad (2.6)$$

Avec
$$\Psi = \frac{2\pi}{\lambda_\omega}(n_\omega \cos\theta_\omega - n_{2\omega}\cos\theta_{2\omega})L \equiv \frac{\pi}{2}\frac{L}{L_c(\theta)}$$
(2.7)

Ψ représente le facteur d'interférence entre les ondes libre et liée, et L_c la longueur de cohérence dépendant des angles θ_ω et $\theta_{2\omega}$. L'enveloppe des franges de Maker, $I_M(\theta)$, est donnée par :

$$I_M(\theta) \propto (\frac{1}{n_\omega^2 - n_{2\omega}^2})(d_{eff}(\theta))^2 I_\omega^2 t_\omega^4(\theta) T_{2\omega}(\theta)$$
(2.8)

Où d_{eff} est la projection du coefficient non-linéaire effectif sur le champ électrique de l'onde fondamentale. t_ω et $T_{2\omega}$ sont reliés aux coefficients de transmission (coefficients de Fresnels) respectifs des ondes à la pulsation ω et 2ω. Ces derniers, peuvent être exprimés selon différents état de polarisation.

Si l'on observe la composante polarisée P de l'onde de second harmonique et dans le cas d'une polarisation S de l'onde fondamentale (perpendiculaire au plan d'incidence), ils valent :

$$t_\omega(\theta) = \frac{2\cos\theta}{n_\omega \cos\theta_\omega + \cos\theta}$$
(2.9)

$$T_{2\omega}(\theta) = \frac{2n_{2\omega}\cos\theta_{2\omega}(\cos\theta + n_\omega \cos\theta_\omega)(n_\omega \cos\theta_\omega + n_{2\omega}\cos\theta_{2\omega})}{(n_{2\omega}\cos\theta_{2\omega} + \cos\theta)^3}$$
(2.10)

Dans le cas d'une polarisation P de l'onde fondamentale (parallèle au plan d'incidence), ils valent :

$$t_\omega(\theta) = \frac{2\cos\theta}{n_\omega \cos\theta + \cos\theta_\omega}$$
(2.11)

$$T_{2\omega}(\theta) = \frac{2n_{2\omega}\cos\theta_{2\omega}(\cos\theta_\omega + n_\omega \cos\theta)(n_\omega \cos\theta_{2\omega} + n_{2\omega}\cos\theta_\omega)}{(n_{2\omega}\cos\theta + \cos\theta_{2\omega})^3}$$
(2.12)

Il est possible d'ajuster les paramètres de ce modèle (indices, coefficients non-linéaires) pour reproduire les partitions de franges expérimentales. Ainsi, nous obtenons une information sur l'ordre d'interférence et donc sur la longueur de cohérence. L'enveloppe $I_M(\theta)$ est dépendante des coefficients non linéaires du matériau. En choisissant les axes de rotation et les configurations de la polarisation en entrée et en sortie du cristal, il est possible de reconstituer le tenseur non-linéaire.

II-4-3-3 Modèle de Herman et Hayden.

Le modèle théorique de Herman et Hayden a été développé en 1995 pour la caractérisation optique non linéaire des matériaux massifs et des couches minces [16]. Ce modèle fait différence avec ceux développés auparavant par son avantage d'exprimer l'intensité de second harmonique en prenant en compte l'absorption des matériaux aux longueurs d'ondes fondamentale et de second harmonique.

$$I_{2\omega} = \frac{128\pi^5}{c\lambda^2} \frac{\left[t_{af}^{1s}\right]^4 \left[t_{fs}^{2p}\right]^2 \left[t_{sa}^{2p}\right]^2}{n_{2\omega}^2 \cos^2\theta_{2\omega}} I_{\omega}^2 \left(L\chi_{eff}^{(2)}\right)^2 \exp\left[-2(\delta_1 + \delta_2)\right] \frac{\sin^2\Phi + \sinh^2\Psi}{\Phi^2 + \Psi^2} \quad (2.13)$$

Où I_ω et λ représentent respectivement l'intensité lumineuse et la longueur d'onde de l'onde fondamentale, $\chi_{eff}^{(2)}$ la susceptibilité électrique non linéaire effective du second ordre, L l'épaisseur du film. t_{af}^{1s}, t_{fs}^{2p} et t_{sa}^{2p} sont les coefficients de transmission de Fresnel (système air-film-substrat-air) pour les faisceaux fondamental et de second harmonique.

Les angles de phase Φ et Ψ peuvent s'exprimer sous la forme :

$$\Phi = \frac{2\pi L}{\lambda}(n_\omega \cos\theta_\omega - n_{2\omega}\cos\theta_{2\omega}) \quad (2.14)$$

$$\Psi = \delta_1 - \delta_2 = \frac{2\pi L}{\lambda}\left(\frac{n_\omega \kappa_\omega}{\cos\theta_\omega} - \frac{n_{2\omega}\kappa_{2\omega}}{\cos\theta_{2\omega}}\right) \quad (2.15)$$

Où θ_ω et $\theta_{2\omega}$ sont respectivement les angles entre les faisceaux fondamental et de second harmonique, n_ω et $n_{2\omega}$ respectivement les indices de réfraction des ondes fondamentale et harmonique, κ_ω et $\kappa_{2\omega}$ respectivement les coefficients d'extinction du matériau non linéaire aux pulsations ω et 2ω [17].

II-5 Caractérisations non linéaires expérimentales du troisième ordre

Nous allons à présent, nous intéresser aux effets associés au terme du troisième ordre de la susceptibilité non linéaire. Les travaux expérimentaux effectués dans le cadre cette thèse, sont étudié à l'aide des différentes techniques : la génération de la troisième harmonique et Z-scan et par effet Kerr optique, dont leurs processus ont été décrits aux chapitre précédent.

II-5-1 La génération de la troisième harmonique

L'expression "troisième harmonique" vient du fait que pour une longueur d'onde initiale (fondamentale), on génère la longueur d'onde trois fois plus petite. On obtient donc une fréquence trois fois plus importante. Contrairement à la SHG, ce processus ne requière pas de conditions de symétrie et est susceptible de se produire dans tous les matériaux.

Cette technique nous permet d'obtenir des informations sur la susceptibilité non linéaire du troisième ordre en utilisant le même montage expérimental que celui de la génération de la deuxième harmonique décrit dans la partie précédente.

II-5-1-1 Montage expérimental

La source d'excitation est toujours la même (le laser Nd :YAG) à une longueur d'onde de 1064 nm, d'une durée de 30 ps, et à un taux de répétition de 10 Hz. La différence entre les

deux techniques se situe au niveau du filtre sélectif interférentiel, placé après le deuxième polariseur et après le filtre KG3 qui coupe le faisceau fondamental (à 1064 nm). On utilise

alors un filtre (FL355) pour préserver alors le signal du troisième harmonique à 355 nm.

La silice, dont la formule chimique est SiO_2, est également utilisée comme matériau de référence pour le calibrage du montage expérimental de cette technique (THG). C'est un matériau largement utilisé dans les applications optiques et constitue, dans la majeure partie des cas, le matériau de base entrant dans la fabrication de systèmes optiques. La figure 9 donne un aperçu des franges de Maker de la THG générée par une lame de silice de 1 mm d'épaisseur utilisée comme référence. De façon générale, la susceptibilité non-linéaire d'ordre 2 du SiO_2 est nulle ou très faible, car c'est un matériau centro-symetrique sur une échelle de plusieurs molécules.

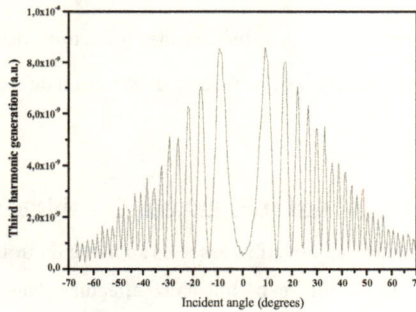

Fig.9 : Frange de Maker obtenu pour le matériau de référence : silice (SiO_2).

Une exception notable concernant le $\chi^{(2)}$ est le quartz qui, par sa structure cristalline, est non centro-symétrique. Le quartz est d'ailleurs souvent utilisé comme matériau de référence dans des expériences de la génération de second harmonique comme on a l'a indiqué auparavant. La susceptibilité non-linéaire d'ordre 3 de la silice est quant à elle non-nulle.

II-5-1-2 Modèles théoriques de calcul de la susceptibilité non linéaire d'ordre trois

II-5-1-2-1 Modèle de Kubodera et Kobayashi

Comme nous l'avons vu précédemment, la mesure de franges de Maker nécessite la mesure de l'intensité de SH en fonction de l'angle d'incidence du faisceau fondamental. Et donc la détermination de la susceptibilité non linéaire d'ordre deux, il existe différents modèles

théoriques permettant de déterminer l'ordre de grandeur de cette $\chi^{(2)}$. Même principe s'applique pour la susceptibilité non linéaire d'ordre trois ($\chi^{(3)}$).

Le modèle de Kubodera et Kobayashi a été développé en tenant compte de deux approches, suivant l'absorption du matériau ou selon la négligence de cette dernière [18, 19]. La susceptibilité non linéaire du troisième ordre est donnée dans ce cas là, par la formule suivante :

$$\chi^{(3)} = \chi_s^{(3)} \left(\frac{2}{\pi} \right) \left(\frac{l_{c,s}}{l} \right) \left(\frac{I^{3\omega}}{I_s^{3\omega}} \right)^{1/2} \qquad (2.16)$$

$\chi_s^{(3)}$ désigne la susceptibilité non linéaire du troisième ordre du silice, $I^{3\omega}$ et $I_s^{3\omega}$ désignent respectivement les intensités maximales de l'enveloppe du signal de troisième harmonique du matériau à étudier et de la silice. $l_{c,s}$ est la longueur de cohérence de silice et l l'épaisseur de l'échantillon.

A une longueur d'onde de 1064 nm, la susceptibilité non linéaire du troisième ordre de la silice $\chi_s^{(3)}$ est connue et vaut $\chi_s^{(3)} = 2{,}0 \times 10^{-22} m^2 / V^2$ [20,21]

En général, ce modèle compare directement les amplitudes maximales des intensités lumineuses du troisième harmonique du milieu à étudier avec celles du matériau de référence qui est une lame de silice fondue SiO_2 de 1 mm d'épaisseur.

Cette équation n'est valable que dans le cas ou l'absorption du matériau est faible. Dans le cas contraire, où l'absorption devient importante, la relation (2.16) est corrigée en tenant compte de la grandeur liée à l'absorption.

$$\chi^{(3)} = \chi_s^{(3)} \left(\frac{2}{\pi} \right) l_{c,q} \left(\frac{\alpha/2}{1 - \exp(-\alpha l/2)} \right) \left(\frac{I^{3\omega}}{I_s^{3\omega}} \right)^{1/2} \qquad (2.17)$$

Où α désigne le coefficient d'absorption linéaire du matériau à la longueur d'onde fondamentale.

II-5-1-2-2 Modèle de Kajzar et Messier

Ce modèle traite différentes approches, selon le cas du milieu étudié. Pour un matériau sous forme de couche mince déposé sur substrat et placé entre deux milieux considérés linéaires, l'intensité du troisième harmonique peut s'exprimer sous la forme suivante:

$$I_{3\omega} = \frac{64\pi^4}{c^2} \left| \frac{\chi^{(3)}}{\Delta\varepsilon} \right|_S^2 \left(I_\omega \right)^3 \left| e^{i(\psi_s^{3\omega}+\psi_F^\omega)} \left[T_1(e^{i\Delta\psi_s}-1) + \rho e^{i\phi} T_2(1-e^{-i\Delta\psi_F}) \right] + C_{air} \right|^2 \quad (2.18)$$

Avec

$$\rho e^{i\phi} = \left[\frac{\chi^{(3)}}{\Delta\varepsilon} \right]_F \bigg/ \left[\frac{\chi^{(3)}}{\Delta\varepsilon} \right]_S \quad (2.19)$$

Les indices S et F sont utilisés pour indiquer respectivement, le substrat et la couche mince (ou film mince). On utilise le F pour film mince pour ne pas confondre l'indice c de couche mince avec par exemple la longueur de cohérence d'indice c.

$\Delta\varepsilon_s$ et $\Delta\varepsilon_F$ représentent la dispersion de la constante diélectrique respectivement dans le substrat et dans le film mince [17]. On peut aussi les exprimer sous la forme :

$$\Delta\varepsilon_s = \varepsilon_s^\omega - \varepsilon_s^{3\omega} \quad \text{et} \quad \Delta\varepsilon_F = \varepsilon_F^\omega - \varepsilon_F^{3\omega} \quad (2.20)$$

La différence des angles de phase $\Delta\psi_S$ et $\Delta\psi_F$ respectivement dans la silice et dans le film mince peut s'écrire sous la forme :

$$\Delta\psi_s = \psi_s^\omega - \psi_s^{3\omega} = \frac{3\omega l_s}{c}(n_s^\omega \cos\theta_s^\omega - n_s^{3\omega} \cos\theta_s^{3\omega}) \quad (2.21)$$

$$\Delta\psi_F = \psi_F^\omega - \psi_F^{3\omega} = \frac{3\omega l_F}{c}(n_F^\omega \cos\theta_F^\omega - n_F^{3\omega} \cos\theta_F^{3\omega}) \quad (2.22)$$

Où l_S et l_F désignent respectivement l'épaisseur du substrat et du film mince.

Pour simplifier l'écriture de l'équation (2.18), les facteurs T_1 et T_2 ont été introduits. Ils sont définis par :

$$T_1 = \left(t_{12}^\omega t_{23}^\omega \right)^3 \frac{N_2^{3\omega} + N_2^\omega}{N_2^{3\omega} + N_3^{3\omega}} \quad \text{et} \quad T_2 = \left(t_{12}^\omega \right)^3 t_{34}^\omega \frac{N_3^{3\omega} + N_3^\omega}{N_3^{3\omega} + N_4^{3\omega}} \quad (2.23)$$

Avec

$$N_j^{\omega,3\omega} = n_j^{\omega,3\omega} \cos\theta_j^{\omega,3\omega} \quad \text{et} \quad j=1,2,3,4 \quad (2.24)$$

Les facteurs de transmission $t_{i,j}^{\omega,3\omega}$ pour l'onde fondamentale ou harmonique entre les milieux i et j sont donnés par (en polarisation ss):

$$t_{12}^\omega = \frac{2n_1 \cos\theta_1}{n_1 \cos\theta_1 + n_2^\omega \cos\theta_2^\omega} \quad (2.25)$$

$$t_{23}^{\omega} = \frac{2n_2^{\omega}\cos\theta_2^{\omega}}{n_2^{\omega}\cos\theta_2^{\omega} + n_3^{\omega}\cos\theta_3^{\omega}} \quad \text{et} \quad t_{23}^{3\omega} = \frac{2n_2^{3\omega}\cos\theta_2^{3\omega}}{n_2^{3\omega}\cos\theta_2^{3\omega} + n_3^{3\omega}\cos\theta_3^{3\omega}} \tag{2.26}$$

$$t_{34}^{\omega} = \frac{2n_3^{\omega}\cos\theta_3^{\omega}}{n_3^{\omega}\cos\theta_3^{\omega} + n_4\cos\theta_4} \quad \text{et} \quad t_{34}^{3\omega} = \frac{2n_3^{3\omega}\cos\theta_3^{3\omega}}{n_3^{3\omega}\cos\theta_3^{3\omega} + n_4\cos\theta_4} \tag{2.27}$$

La dispersion des indices de réfraction Δn_{air}, Δn_S et Δn_F, respectivement de l'air, du substrat et du film mince est définie par:

$$\Delta n_{air} = n_{air}^{\omega} - n_{air}^{3\omega} \quad \text{et} \quad \Delta n_s = n_s^{\omega} - n_s^{3\omega} \quad \text{et} \quad \Delta n_F = n_F^{\omega} - n_F^{3\omega} \tag{2.28}$$

Les valeurs numériques de la différence des indices de réfraction pour l'air et le substrat valent :
$\Delta n_{air} = 1{,}085.10^{-5}$ et $\Delta n_s = 2{,}65.10^{-2}$.

A la longueur d'onde de 1064 nm, la susceptibilité non linéaire du troisième ordre du silice [22,23] et de l'air [24] valent respectivement : $\chi_s^{(3)} = 2{,}0.10^{-22}\,m^2/V^2$ et $\chi_{air}^{(3)} = 9{,}8.10^{-26}\,m^2/V^2$.

La contribution de l'air par rapport au vide C_{air} s'écrit sous la forme :

$$C_{air} = 0{,}24\frac{\left[\chi^{(3)}/\Delta\varepsilon\right]_{air}}{\left[\chi^{(3)}/\Delta\varepsilon\right]_S}\left[t_{23}^{3\omega}t_{34}^{3\omega}e^{i(\psi+\alpha)} - \left(t_{12}^{\omega}t_{23}^{\omega}t_{34}^{\omega}\right)^3 e^{i(\psi+\beta)}\right] \tag{2.29}$$

Où ψ désigne la phase du paramètre de contribution de l'air, α et $\beta = \alpha + \Delta\psi_s$ désignent la différence de phase entre les ondes fondamentale et harmonique pour la propagation dans l'air respectivement sur les faces d'entrée et de sortie de l'échantillon [17].

II-5-2 La technique de Z-scan

Le Z-scan est une des techniques de caractérisation privilégiée pour la mesure des propriétés optiques non-linéaires d'ordre trois des matériaux. Il a été développé pour de nombreuses applications telles que la limitation optique [25], la polymérisation multiphotonique [26], ou la commutation optique [27]. Le principe de mesure est relativement simple, il s'agit de déplacer un échantillon le long d'un faisceau laser focalisé afin de varier l'intensité incidente sur ce dernier. Les deux quantités mesurables connectées avec le z-scan sont l'absorption non

linéaire (NLA) et la réfraction non linéaire (NLR) afin d'en déduire la valeur des paramètres non linéaires. Ces derniers sont associés à la partie réelle et la partie imaginaire de la susceptibilité non linéaire du troisième ordre $\chi^{(3)}$ et peuvent fournir des informations importantes sur les propriétés du matériau.

Cette technique permet aussi de mesurer le signe de ces deux composantes. Le signe de chacune des composantes peut ainsi être déterminé à partir de la courbe expérimentale.

Cette technique a été développée et mise en place à l'origine par Sheik-Bahae et ses collaborateurs, [28] et représente une des méthodes les plus simples et les plus sensibles de mesure de l'indice de réfraction non linéaire [29].

II-5-2-1 Montage expérimental

Le montage expérimental est relativement simple et ne nécessite que peu d'équipement pour peu que l'on possède le laser approprié. La figure ci-dessous, montre le dispositif expérimental utilisé pour les mesures faites dans ce travail de thèse.

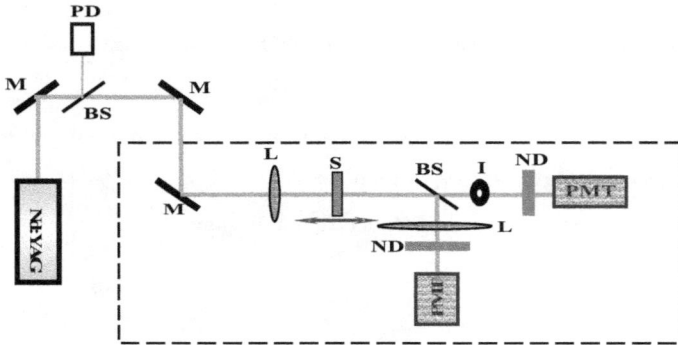

Fig.10 : Illustration du dispositif expérimental pour la technique z-scan.

Le principe de base de la méthode de Z-scan est donc de déplacer longitudinalement un échantillon à faces parallèles le long de l'axe optique d'un faisceau focalisé à l'aide d'une lentille convergente (L). Ce balayage va induire un changement d'indice dépendant de la position, et donc une défocalisation du faisceau dépendante de la position de l'échantillon.

Le faisceau laser intense pulsé à une longueur d'onde de 532 nm est envoyé vers l'échantillon à travers un polariseur et une lame demi-onde permettant de faire varier, si besoin, l'énergie du faisceau incident. Une lame séparatrice (BS) prélève une partie du faisceau incident sur une première photodiode (PD) pour synchroniser l'acquisition. L'échantillon (S) est placé sur une platine de translation motorisée permettant son balayage autour du point focale de la lentille convergente (L) utilisée. Des miroirs (M) ont été utilisés afin de dévier le chemin optique du faisceau laser.

Ce montage expérimental peut être utilisé à la fois, pour déterminer le coefficient d'absorption non linéaire β qui est relié à la partie imaginaire de la susceptibilité non linéaire d'ordre trois, et donc on parle de la configuration de z-scan ouverte (Open Z-scan). On peut utiliser à la fois la configuration "fermée" et "ouverte" de z-scan simultanément pour une seule mesure. Et dans ce cas là, on peut déduire les informations concernant les deux parties, réelle et imaginaire de $\chi^{(3)}$. La configuration "fermée" z-scan est souvent connue selon sa nomination anglaise par Closed Z-scan.

On peut aussi travailler juste avec la configuration ouverte de z-scan, et dans ce cas la, le montage expérimental utilisé sera réduit comme suit :

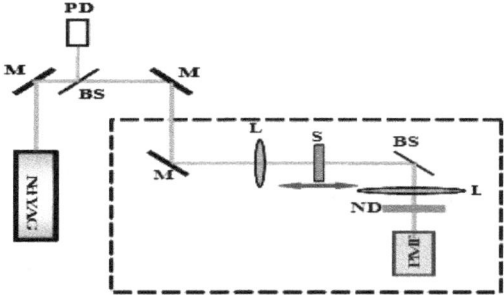

Fig.11: Illustration du dispositif expérimental pour Open z-scan

(Configuration ouverte).

Un autre avantage de cette méthode d'analyse, c'est que les mesures peuvent se faire à la fois dans les solides, liquides et solutions liquides [29].

II-5-2-2 Open Z-scan

La quantité mesurable connectée avec la configuration z-scan ouverte est l'absorption non linéaire (NLA). Pour provoquer une telle absorption, il est nécessaire de focaliser spatialement un grand nombre de photons afin d'augmenter les probabilités d'absorption localement. Ceci peut être obtenu grâce à l'utilisation d'une source lumineuse intense provenant d'un laser impulsionnel, comme celle utilisée dans notre étude.

Dans ce cas, l'allure des courbes de transmission normalisée est représentée à la figure12.

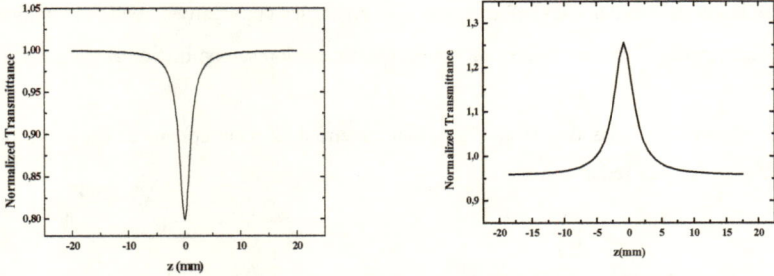

Fig.12: Courbes d'absorption non-linéaire normalisées, choisies arbitrairement pour la représentation.

Lorsque l'échantillon se trouve au point de focalisation (z=0), l'intensité est maximale: C'est le point de mesure pour lequel la variation d'indice dans l'échantillon est la plus élevée.

Deux formes peuvent se présenter (figure 12) : une absorption saturable inversée (courbe à gauche), lorsque l'échantillon transmet moins au point focal et dans le comportement d'absorption saturable (courbe à droite) le matériau transmet plus au point focal. Pour calibrer le montage expérimental, le fullerène (C60) à été utilisé en tant que matériau de référence.

La partie imaginaire et réelle de la susceptibilité non linéaire du troisième ordre $\chi^{(3)}$ sont liés au processus d'absorption et la réfraction non linéaire respectivement [30]. Le coefficient d'absorption α est exprimé en fonction de l'intensité [29] sous la forme suivante :

$$\alpha(I) = \alpha_0 + \beta I \tag{2.30}$$

Où α_0 (cm^{-1}) et n_0 sont les termes linéaires. I (W.cm^{-2}) est l'intensité incidente. β (cm.W^{-1}) désigne le paramètre d'absorption non linéaire.

La transmission normalisée $T_{norm}(z)$ est décrite par l'équation :

$$T_{norm}(z) = \frac{c}{\sqrt{\pi}q_0} \int_{-\infty}^{\infty} \ln(1 + q_0 e^{-t^2})dt \tag{2.31}$$

La normalisation de la transmission est essentielle afin d'exclure les effets d'absorption linéaires, c désigne la constante normalisée et q_0 est donnée par :

$$q_0 = \frac{\beta I_0 L_{eff}}{(1 + z^2 / z_0^2)} \tag{2.32}$$

I_0 est le maximum de l'intensité incidente (pour z, t= 0), z_0 est la longueur Rayleigh du faisceau laser, définie par ($z_0 = \pi w_0^2 / \lambda$) avec w_0 est la taille du faisceau. L_{eff} est l'épaisseur effective de l'échantillon corrigée pour l'absorption linéaire donnée par :

51

$$L_{eff} = \frac{(1 - e^{-\alpha L})}{\alpha} \tag{2.33}$$

Cela permet de réécrire l'expression précédente (2.32) de la manière suivante, en sachant que (L) est l'épaisseur réelle de l'échantillon:

$$q_0(z,0) = \frac{\beta I_0(1 - e^{-\alpha_0 l})}{(1 + z^2 / z_0^2)\alpha_0} \tag{2.34}$$

Pour z=0 et t=0, on obtient :

$$q_{00} = \beta I_0 L_{eff} \tag{2.35}$$

A partir de cette équation on déduit le paramètre non linéaire β, ce qui nous enfin de calculer la partie imaginaire de la susceptibilité non linéaire du troisième ordre. Cela est faisable à parti de l'expression ci-dessous :

$$\text{Im}\,\chi^{(3)}(esu) = \frac{10^{-7} c^2 n_0^2}{96\pi^2 \omega} \beta \tag{2.36}$$

c est la vitesse de lumière (cm/s) et ω est la fréquence fondamentale.

II-5-2-3 Closed Z-scan

La configuration z-scan fermée peut fournir des informations sur l'indice de réfraction non linéaire. L'indice de réfraction n, comme le coefficient d'absorption α, peut être exprimé en fonction de l'intensité [29] sous la forme :

$$n = n_0 + \frac{n_2}{2}|E|^2 = n_0 + \gamma' I \tag{2.37}$$

Où n_0 est l'indice de réfraction linéaire du milieu et I (W.cm^{-2}) est l'intensité incidente. γ' est le paramètre de l'indice de réfraction non linéaire et il est exprimé en (cm^{-2}.W^{-1}). n_2 et γ' sont reliés par la relation suivante : $n_2 = (c n_0 / 40\pi)\gamma'$. Le n_2 est alors exprimée (m²/W). c (m/s) est la vitesse de la lumière dans le vide.

Ces paramètres sont reliés à la susceptibilité non linéaire d'ordre trois par l'équation suivante :

$$\text{Re}(\chi^{(3)})(esu) = \frac{10^{-6} c n_0^2}{480\pi^2} \gamma' \tag{2.38}$$

En l'absence d'effets non linéaires dans l'échantillon, le signal transmis reste constant. En présence d'effets non-linéaires, on s'intéresse alors à l'évolution de la transmission normalisée en fonction de la position longitudinale de l'échantillon sur l'axe optique du faisceau.

Deux cas peuvent se présenter, où l'indice de réfraction non-linéaire négatif ou positif (selon le signe de n$_2$). L'allure des courbes de transmission normalisée est représentée sur figure qui suit :

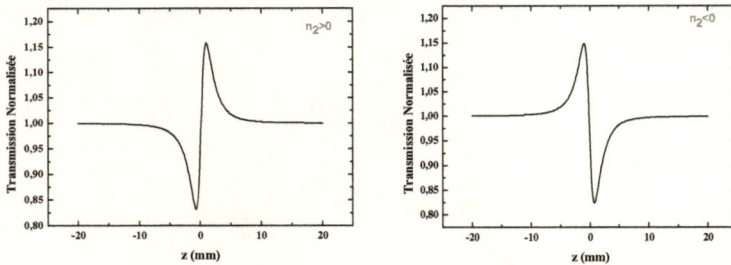

Fig.13: Courbes « Closed Z-scan » normalisées choisies arbitrairement pour la représentation.

Un exemple de l'allure d'une courbe de transmission normalisée est représenté sur la (figure 14), dans le cas où l'indice de réfraction non-linéaire négatif. Cette figure montre la signature caractéristique du signal de Z-scan comportant un maximum et un minimum de part et d'autre du point de focalisation. Le graphe de la transmission normalisée en fonction de la position de l'échantillon nous donne donc, soit une configuration « sommet-vallée » lorsque le milieu se comporte comme une lentille divergente ($n_2 < 0$), soit une configuration « vallée-sommet » lorsque le milieu se comporte comme une lentille convergente ($n_2 > 0$).

La différence de transmission normalisée, notée $\Delta T_{pv} = T_p - T_v$, entre la transmission maximale (sommet, en anglais peak) et minimale (vallée, en anglais valley) normalisée est proportionnelle au déphasage non linéaire selon une relation établie numériquement par :

$$\Delta T_{p-v} = 0.406 \frac{\Delta\phi_0}{\sqrt{2}} (1-S)^{0,25} \qquad (2.39)$$

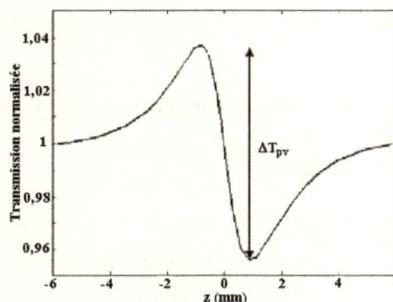

Fig.14: Transmission non linéaire normalisée avec diaphragme (pour n$_2$ < 0)

53

$\Delta\phi_0$ désigne la valeur maximale du déphasage non linéaire obtenue au foyer de la lentille ($z = 0$) et au centre du faisceau ($r = 0$). Et S est la transmission en puissance du diaphragme placé devant le détecteur, et elle vaut, dans le cas d'un faisceau à profil gaussien :

$$S = 1 - \exp\left(-\frac{2r_a^2}{w_a^2}\right) \qquad (2.40)$$

r_a et w_a désignent respectivement le rayon du diaphragme et le rayon en intensité du faisceau dans le plan du diaphragme. Le maximum de sensibilité est atteint lorsque S <<1, c'est–à–dire lorsque le diamètre du diaphragme est faible devant le diamètre du faisceau. Et c'est bien le cas de la configuration z-scan fermée " Closed z-scan".

Cependant, quand S=1, on est dans le cas de la configuration de Z-scan ouverte "Open z-scan", et donc la méthode n'est plus sensible à la réfraction non-linéaire, mais par contre, sensible à l'absorption non linéaire.

Il faut noter que si la mesure en configuration "ouverte" est insensible au phénomène de réfraction non-linéaire, il est important de noter aussi que l'absorption non-linéaire intervient, quant à elle, lors de l'acquisition pour S <<1 et déforme les courbes de Z-scan. Dans ce cas là, on fait appel à une courbe dite " divided z-scan". Cette dernière a la même forme que "closed z-scan", la différence c'est qu'elle prenne en compte la courbe de l'absorption non linéaire et elle est obtenu en divisant les données de la configuration "fermé" de Z-scan par celle de la configuration "ouverte" [29,30]. En effet, une partie du faisceau est absorbée et la l'intensité transmise est inferieur à l'intensité initiale. Or, si l'absorption non linéaire est absente, la courbe obtenue reste la même.

Dans le cas d'un échantillon fin, on peut considérer que le faisceau incident induit une variation d'indice dans le matériau s'exprime par la formule suivante :

$$\Delta n_0 = \gamma' I_0 \qquad (2.41)$$

Δn_0 représente la variation d'indice sur l'axe optique en z = 0, I_0 est l'intensité sur l'axe optique au point de focalisation. Le déphasage introduit étant relié à une variation d'indice du milieu, il est alors possible de le calculer. En tenant compte de l'épaisseur utile du matériau L et de k, le vecteur d'onde du laser, nous obtenons :

$$\Delta\phi_0 = k\Delta n_0 L_{eff} \qquad (2.42)$$

Avec $\quad k = 2\pi / \lambda$

Cette variation d'indice est liée à la non linéarité induite dans l'échantillon.

Dans le cas d'un faisceau gaussien, d'un échantillon fin, de faibles non linéarités et d'une observation en champ lointain avec une ouverture de diaphragme faible devant le diamètre du faisceau sur l'ouverture, la différence ΔT entre la transmission normalisée maximale et minimale est proportionnelle au déphasage non-linéaire et donc à l'indice de réfraction non-linéaire.

La différence de transmission normalisée reprend alors une nouvelle forme :

$$\Delta T_{p-v} = 0.406 \frac{k\gamma I_0 L_{eff}}{\sqrt{2}} (1-S)^{0,25} \tag{2.43}$$

Sachant que I_0 vaut :

$$I_0 = \frac{2E}{\pi w_0^2 \tau} \tag{2.44}$$

Avec w_0 est la taille du faisceau, E est l'énergie de faisceau incident. On réécrit alors l'équation précédente (2.43) sous la forme suivante :

$$\Delta T_{p-v} = \frac{1.624\gamma L_{eff} E (1-S)^{0,25}}{\lambda \sqrt{2} w_0^2 \tau} \tag{2.45}$$

Et donc γ est exprimée de la forme qui suit :

$$\gamma = \frac{\lambda\sqrt{2}w_0^2\tau}{1.624(1-S)^{0,25} L_{eff} E} \Delta T_{p-v} \tag{2.46}$$

c est la vitesse de lumière (cm/s) et ω est la fréquence fondamentale.

II-5-3 La biréfringence photoinduite (Effet Kerr Optique)

L'effet Kerr optique (OKE) est le processus non linéaire du troisième résultant en des changements photoinduits de biréfringence au sein du matériau. Un tel comportement peut être atteint grâce à l'interaction entre le champ électrique de la lumière laser polarisée

linéairement et le matériau. Le faisceau de pompage change la biréfringence dans le matériau via des réorientations moléculaires qui introduisent une ellipticité au faisceau incident initialement polarisée linéairement à un angle de 45 ° par rapport au faisceau pompe. Le changement de polarisation de la sonde est provoqué par un retard de phase entre deux composantes perpendiculaires de vecteur de polarisation.

Le montage expérimental pour les mesures de l'effet Kerr optique dans le film mince des échantillons étudiés est indiqué dans la figure 15.

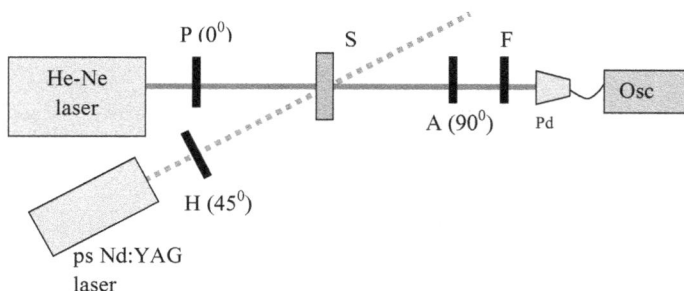

Fig.15: Le montage expérimentale mis en place pour les mesures de l'effet Kerr optique avec laser ps comme une source de lumière d'excitation (S - échantillon, P - polariseur, A - analyseur, H - lame demi-onde, F - filtre, Pd - photodiode, Osc - oscilloscope).

Les premières applications de la biréfringence et du dichroïsme photoinduits dans des polymères contenant des molécules azoïques ont été développées au début des années quatre vingt [31] avec la réalisation d'hologrammes de polarisation, réalisés en faisant interférer deux faisceaux de polarisations ±45° ou circulaire gauche - circulaire droite : l'intensité du champ électromagnétique résultant est constante et seule sa polarisation est périodiquement modulée. Ceci conduit à la création d'une anisotropie de l'indice de réfraction modulé.

Conclusion

Le but poursuivi dans cette étude est la détermination des propriétés optiques non linéaires des systèmes conjugués organiques tout en tenant compte de tous les mécanismes issus des propriétés optiques linéaires telles que l'absorption linéaire.

L'utilisation d'un faisceau laser intense représente la manière la plus directe de mesurer cela. Par ailleurs, différentes méthodes du troisième ordre ont été discutées, qui donnent des informations séparées et complémentaires sur la susceptibilité non linéaire du troisième ordre. Contrairement, aux propriétés du deuxième ordre, seule la méthode de la génération de la seconde harmonique a été utilisée.

Afin d'avoir une étude complète sur les propriétés physico-chimique des composés à étudier lors de ce travail, il était donc nécessaire d'avoir une connaissance parfaite des principes de fonctionnement des techniques permettant d'aboutir à des informations et les propriétés optique des matériaux.

Ce chapitre a donc pour but de présenter une description détaillée des outils et des méthodes de caractérisation des propriétés optiques linéaire et non linéaire en s'appuyant sur les études expérimentales et théoriques de la littérature, ainsi que sur notre propre expérience du sujet.

Références

[1] S.V. Nitta, A. Jain, P.C. Wayner, Jr.and W. N. Gill, and J.L. Plawsky, Journal of Applied Physics, 86(10): 5870–5878, 1999.

[2] Sébastien Rabastes, PhD thesis, Université Claude Bernard Lyon (2002)

[3] C.J. Brinker, A.J Hurd, G.C Frye, P.R. Shunkand and C.S. Ashley, J. Ceram. Soc. Japan 99, 862 (1991)

[4] Smith H.M., Turner A.F., Appl. Optics 4 (1965) 147

[5] Reichardt, C. Solvents and Solvent Effects in Organic Chemistry, Third, Updated and Enlarged Edition, VCH, 2003.

[6] H. El Ouazzani, Sylvie Dabos–Seignon, D. Gindre, K. Iliopoulos , M. Todorova , R. Bakalska, P. Penchev , S. Sotirov , Ts. Kolev, V. Serbezov, A. Arbaoui , M. Bakasse and B. Sahraoui, Accepted in The Journal of Physical Chemistry C, 2012.

[7] Burland,D. M.;Miller, R. D.;Walsh,C.A. Chem. Rev. 1994, 94, 31.

[8] Nahata, A.; Shan, J.; Yardley, J. T.; Wu, C. J. Opt. Soc. Am. B 1993,10, 1553.

[9] M. A. Motazavi, A. Knoesen, S. T. Kowel, B. G. Higgins, and A. Dienes, J. Opt. Soc. Am. B, 6, 733-741 (1989)

[10] Donald M. Burland, Robert D. Miller, Cecilia A. Walsh, Chem. Rev., 94 (1), pp 31–75, 1994

[11] G. J. Lee, S. W. Cha, S. J. Jeon, and J.-I. Jin, J. Kor. Phys. Soc., 39, 5, 912-915 (2001)

[12] F. Kajzar, Y. Okada-Shudo, C. Meritt, and Z. Kafafi, Synth. Met., 117, 189-193 (2001)

[13] R. A. Myers, N. Mukherjee, and S. R. J. Brueck, Large second-order nonlinearity in poled fused silica, Opt. Lett., 16, 22, 1732-1734 (1991)

[14] J. Jerphagnon, S. Kurtz, Maker fringes, J. Appl. Phys. 40 (4) (1970) 1667–1681.

[15] P. Maker, R. Terhune, M. Nisenoff, C. Savage, Phys. Rev. Lett. 8 (1962) 21–22.

[16] W. Herman, and L. Hayden, Maker fringes revisited, J. Opt. Soc. Am. B, 12, 3, 416-427 (1995)

[17] Sahraoui, B.; Luc, J.; Meghea, A.; Czaplicki, R.; Fillaut, J.-L.; Migalska-Zalas, A. J. Opt. A: Pure Appl. Opt. 2009, 11, 1.

[18] K. Kubodera, and H. Kobayashi, Mol. Cryst. Liq. Cryst., 182, 1, 103-113,(1990)

[19] X. H. Wang, D. P. West, N. B. McKeown, and T. A. King, J. Opt. Soc. Am. B, 15, 7, 1895-1903 (1998)

[20] C. Bosshard, U. Gubler, P. Kaatz, W. Mazerant, and U. Meier, Phys. Rev. B, 61, 16, 10688-10701 (2000)

[21] U. Gubler, and C. Bosshard, Phys. Rev. B, 61, 16, 10702-10710 (2000)

[22] C. Bosshard, U. Gubler, P. Kaatz, W. Mazerant, and U. Meier, Phys. Rev. B, 61, 16, 10688-10701 (2000)

[23] U. Gubler, and C. Bosshard, , Phys. Rev. B, 61, 16, 10702-10710 (2000)

[24] F. Kajzar, and J. Messier, Third-harmonic generation in liquids, Phys. Rev. A, 32, 4, 2352-2363 (1985).

[25] Van Stryland, E.W., Vanherzeele, H., Woodall, M.A., Soileau, M.J., Smirl, A.L., Guha, S.and Bogess, T.F., Opt. Eng., 24, 613 (1985).

[26] Mendonca, C.R., Correa, D.S., Baldacchini, T., Tayalia, P., and Mazur, E., submitted to J. Appl. Phys.

[27] Mizrahi, M., DeLong, K., Stegeman, G., Saifi, M. and Andrejco, M., Appl. Phys. Lett., 55, 1823 (1989).

[28] M. Sheik-Bahae, A. A. Said, and E. W. Van Stryland, Opt. Lett., 14, 17, 955-957 (1989)

[29] M. Sheik-Bahae, A. A. Said, T. H. Wei, D. J. Hagan et E. W. Van Stryland, IEEE J. Quant. Elec., vol. 26, 1990, p. 760.

[30] S. Couris, E. Koudoumas, A.A. Ruth, S. Leach, J. Phys. B: At. Mol. Opt. Phys. 28 (1995) 4537.

[31] P. Rochon, J. Gosselin, A. Natansohn, S. Xie, Appl. Phys. Lett., 1992, 60, 4

Chapitre III

Les propriétés optiques linéaire et non linéaire des composés azoïques associés aux matériaux polymères

Chapitre III

Table des matières

Chapitre III:

Les propriétés optiques linéaire et non linéaire des composés azoïques associés aux matériaux polymères

Introduction

Depuis de nombreuses années, de nombreuses recherches se sont concentrées sur les azobenzènes et leurs dérivés. En raison de leur photo-isomérisation trans-cis réversible et stable pendant de nombreux cycles [1], ils sont devenus les composés photochromiques les plus étudiés [2]. Associées à des polymères, ces matériaux s'avèrent être des composés intéressants et ouvrent la voie à la synthèse de nouveaux matériaux [3] dont les perspectives d'application passionnent les scientifiques : nouveaux modes de stockage de l'information, composants optoélectroniques, dispositifs nanométriques, l'ingénierie des matériaux basée sur différents types d'interactions laser-matière, etc... [4,5]. Parmi les dérivés azoaromatiques, le disperse Red 1 est un colorant qui a été largement étudié et de nombreuses études traitant de son utilisation peuvent être trouvé dans la littérature.

Ces composés azo et en particulier les composés azo aromatiques constituent des colorants qui peuvent subir une réaction de photoisomérisation trans-cis lorsqu'ils sont irradiés dans leur bande d'absorption, le retour vers la forme thermodynamiquement plus stable (isomère trans) s'effectuant de façon photochimique ou thermique. Au cours de cette transformation, les azobenzènes présentent un changement structural important qui peut affecter le milieu dans lequel ils se trouvent. Le cycle trans cis-trans peut, dans certaines conditions, conduire à des phénomènes de migration moléculaire pouvant provoquer des déformations de surface spectaculaires [4].

La première partie de ce chapitre est consacrée à une étude portant sur l'étude des composés azoïques et de leurs propriétés lorsqu'ils sont associés à un matériau polymère. Ensuite, nous allons décrire les différents composés d'azobenzènes (azopolymères) utilisés dans nos expériences. Nous allons décrire la structure chimique des composés étudiés ainsi que leurs propriétés physico-chimiques. A la fin de ce chapitre, nous allons nous intéresser à l'étude optique non linéaire ainsi qu'aux résultats obtenus par ces études car de tels systèmes fonctionnels, qui montrent une réponse contrôlée par la lumière, ont un très grand potentiel dans de nombreuses applications.

III-1 Composés azoïques

La molécule d'azobenzène est observée pour la première fois en 1856, sous forme de "gelblich-rote krystallinische Blättchen" (flocons jaunes/rouges cristallins) [6]. Elle tire son nom de la présence de la double liaison (N=N). Ce type de molécules et leurs dérivées entraient dans la production de colorants et de pigments. L'intérêt de ces produits colorés pouvant être obtenus facilement, attirèrent un grand intérêt sur les azoïques, intérêt qui ne c'est nullement ralenti depuis. De nos jours, et grâce à certaines de leurs propriétés physico-chimiques qui différent pour les deux isomères, ils trouvent alors leurs applications dans des domaines variés comme l'optique non-linéaire, [7], le stockage de l'information par holographie, la formation de réseaux de diffraction,… [8,9].

III-1-1 Molécule d'Azobenzène

L'azobenzène est une molécule organique composé de deux cycles benzéniques reliés par une double liaison N=N. Le terme « azobenzène » ou simplement « azo » est utilisé pour décrire une très grande variété de molécules qui partagent ce même motif de base.

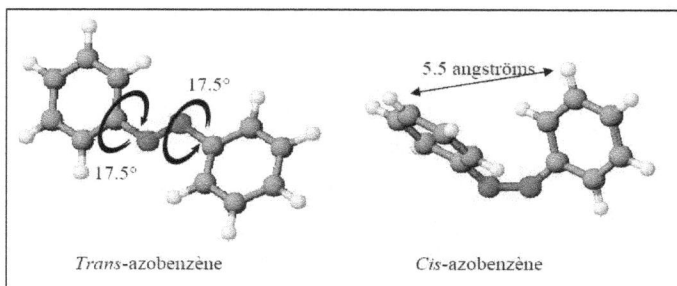

Fig.1 : Structure géométrique des isomères *trans* et *cis* de l'azobenzène.

Ce composé peut se présenter sous deux formes isomères géométriquement différentes (figure 1), la forme *trans* (un isomère dépliée) et la forme *cis* (un isomère pliée) [10]. Le passage d'un isomère à l'autre est réversible et ceci constitue la propriété la plus intéressante de ce type des composés. Il est à noter qu'à l'état *trans* la molécule mesure 9 Å de longueur entre les deux carbones situés en position para des cycles phényle et 5,5 Å dans l'état cis entre les deux même carbones.

III-1-2 Classification des composés azobenzènes

Les composés azoïques peuvent être divisés, selon la classification de Rau [11,12], en trois grandes catégories en fonction de l'ordre relatif des énergies de transitions (n→π*) et (π→π*) : les azobenzènes (1), les aminoazobenzènes (2), et les pseudo-stilbènes (3) (Figure 2).

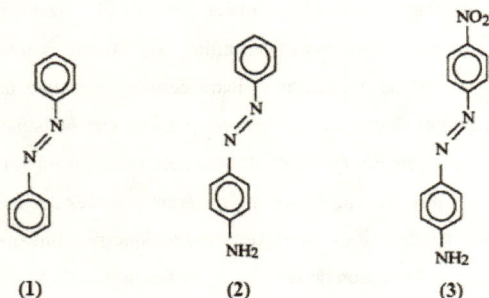

Fig.2: Classification des molécules de types azobenzène.
(1) Azobenzène, (2) Aminoazobenzène et (3) Pseudo stilbene.

Les azobenzènes sont caractérisés par deux bandes d'absorption électronique dans l'UV-Visible bien séparées ; une bande d'absorption de type (n,π*) située dans la région du visible et de faible intensité, et une bande d'absorption de type (π, π*) de forte intensité dans la région de l'UV. Pour ce type de molécule, le temps de passage cis-trans est très lent et il est donc possible d'isoler l'isomère cis.

Les aminoazobenzènes possèdent deux bandes d'absorption électronique de type (n, π*) et (π ,π*) qui se recouvrent spectralement. Une molécule appartenant à la famille des aminoazobenzènes se différencie d'une molécule azobenzène par la présence supplémentaire d'un groupement donneur d'électrons (amine) lié à un cycle benzénique. Pour les composés de type pseudo-stilbènes, l'ordre des énergies des transitions (n, π*) et (π, π*) est inversé (l'énergie de transition de la bande (n, π*) est supérieure à celle de la bande (π, π*)). Une molécule appartenant à la famille des pseudo-stilbènes se différencie d'une molécule azobenzène par la présence de groupements accepteurs (nitro) et donneurs (amine) d'électrons, liés de part et d'autres des deux cycles benzéniques, en position 4 et 4'.

Il apparait clairement que les spectres d'absorption diffèrent d'une molécule à l'autre. Cette classification est aujourd'hui utilisée par une grande partie des équipes de recherche qui travaillent sur les composés azoïques. Nous allons donc adopter cette classification pour la suite de cette étude.

III-1-3 Photo isomérisation d'azobenzène

La molécule d'azobenzène, quelle que soit sa forme, ne possède pas de géométrie plane et le passage de la forme trans à la forme cis s'accompagne d'un changement structural de la molécule.

Elle se trouve généralement sous la conformation *trans*, laquelle peut être considérée comme étant uniaxiale. Lorsque cette molécule est exposée à la lumière visible, elle peut subir une photo-isomérisation et passer à la conformation *cis*. La molécule peut ensuite revenir à la conformation *trans* suite à une transformation induite thermiquement ou optiquement (Figure 3).

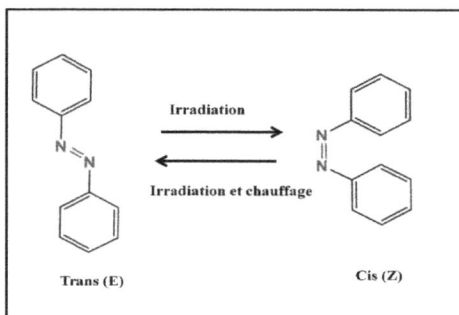

Fig.3: Isomérisation réversible du composé azobenzène.

Ce mécanisme peut se décrire de la façon suivante : par absorption d'un photon dont la longueur d'onde est comprise dans sa bande d'absorption, la molécule d'azobenzène va passer de son état fondamental trans à un état excité. Il s'ensuit un retour vers l'un des deux états fondamentaux, la forme trans ou la forme Cis. La barrière d'énergie entre ces deux formes à température ambiante étant de 50kJ/mol., la photo-isomérisation de l'azobenzène est extrêmement rapide, se produisant sur des échelles de picoseconde. Le taux de l'en arrière-relaxation thermique change considérablement selon le composé : habituellement des heures pour les molécules de type azobenzène, minutes pour des aminoazobenzènes, et secondes pour les pseudo-stilbenes.

III-1-4 Propriétés physico-chimique d'azobenzène

Comme pour tout matériau photochrome, certaines propriétés physico-chimiques des composés azoïques vont différer pour les deux isomères. Trois modifications principales peuvent être observées lors de l'isomérisation de molécules azobenzènes :

✓ Une modification de volume engendrée par le passage de la forme trans à la forme Cis, cette dernière étant plus volumineuse que la forme trans [13].

✓ Une différence des spectres d'absorption des deux formes isomères. Les azobenzènes possèdent une bande d'absorption, généralement entre l'UV et le vert. Cette absorption est la combinaison de l'absorption de l'isomère Trans et de l'isomère Cis. Les longueurs d'onde d'absorption des deux isomères sont en effet légèrement décalées l'une par rapport à l'autre.

64

✓ Une variation du moment dipolaire de la molécule lors du passage de la forme Trans à la forme Cis. Le moment dipolaire de la molécule de trans-azobenzène est quasiment nul (0,5 D) car la molécule est quasiment symétrique alors que celui du cis-azobenzène est de 3,1 D [14].

III-2 Les composés azobenzènes polymers « Azo-polymères »
III-2-1 Généralités

La partie précédente dont nous avons discuté jusqu'ici concernait les composés azoïques en tant que monomères isolés. Cependant, une grande partie des applications envisageables pour les composés azoïques concernent les composés azoïques dopant une matrice polymère ou bien directement reliés par liaison covalente à la structure même du polymère. Ce sont les composés azobenzènes polymères que l'on peut abréger par « les azo-polymères » [15,16]. Les principaux avantages des polymères pour l'optique non linéaire sont leur possibilité d'intégration directe dans des dispositifs optoélectroniques, leur adhésion à divers substrat, ainsi que la possibilité de réorientation des molécules photochromiques sous un champ électrique ou électromagnétique. De nombreuses publications parues durant ces dernières années montrent les progrès et les possibles applications qui peuvent en découler.

Dans la suite de notre étude, nous allons nous intéresser plus particulièrement à cette classe de composés azo-polymères et à leurs propriétés intéressantes en optique non linéaire en deuxième ainsi qu'en troisième ordre. .

III-2-2 Architecture moléculaire des composés de type Push-Pull

Les systèmes π-conjugués sont des systèmes dans lesquels nous avons la présence d'une succession de liaisons simples et de liaisons multiples (généralement double) formant ainsi des liaisons dites conjuguées. Cette conjugaison qui implique une délocalisation électronique le long du système conjugué est typique pour les composés aromatiques tels que le benzène.

Dans cette partie, notre étude a été consacrée aux molécules organiques de type π-conjugué faisant intervenir des électrons mobiles susceptibles de transiter d'une partie de la molécule à une autre; ce qui constitue un cas de transfert de charge. Ce type de chromophore est appelé

« donneur-accepteur » ou « push-pull», ou encore unidimensionnel, en raison de la forte directionnalité du transfert de charge au sein de la molécule.

Ces molécules de type (D-π-A) sont alors constituées typiquement d'un groupement donneur et d'un groupement accepteur d'électrons placés en positions conjuguées aux extrémités d'un système π conjugué (ou "chemin de conjugaison") appelé transmetteur [17] comme schématisé dans la figure

4. Elles présentent toutes un fort moment dipolaire, ainsi qu'un fort transfert de charge intramoléculaire photo-induit par une excitation lumineuse, ce qui correspond à une redistribution de charge entre le groupe donneur et le groupe accepteur. Par conséquent, ces molécules peuvent présenter des non linéarités quadratiques pouvant être très élevées car la condition de non-centrosymétrie moléculaire est vérifiée par ces systèmes qui sont généralement des systèmes dissymétriques.

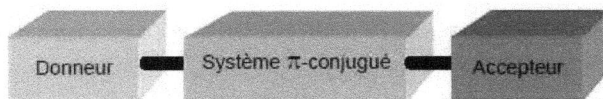

Fig.4 : Schéma d'une molécule de type «Push-Pull ».

Plus précisément, dans leur état fondamental, ces molécules ont un moment dipolaire μ_0 permanent non nul. Sous excitation par champ électrique ou optique, μ_0 change de valeur suite à une délocalisation du nuage électronique, ceci lorsque la molécule passe dans un état excité où la délocalisation est encore plus amplifiée. Il y a alors une forte différence $\Delta\mu$ entre le moment dipolaire à l'état fondamental et à l'état excité.

Les composés possédant de fortes hyperpolarisabilités quadratiques doivent avoir dans leur extrémités des substituant avec un caractère donneur ou accepteur le plus fort possible.

Les substituants les plus communs sont, rangés par leur force croissante :

– Pour les accepteurs d'électrons [18,19] :

$SO_2CH_3 < CN < CHO < COCF_3 < NO < NO_2 < CHC(CN)_2 < C_2(CN)_2$

– Pour les donneurs d'électrons :

$OCH_3 < OH < Br < OC_6H_5 < SCH_3 < N_2H_3 < NH_2 < N(CH_3)_2$

Afin d'avoir une grande amplitude de transfert de charge, le transmetteur doit conduire la densité électronique sans amortir le flux électronique tout le long de la molécule. La capacité d'un système conjugué à guider le transfert de charge est intimement corrélé à sa géométrie (longueurs et angles des liaisons, angles dièdres…).

III-2-3 Les polymères conjugués

Un polymère est formé par la répétition d'une même entité (monomère) attachée aux unités voisines par le biais de liaisons chimiques covalentes. Cependant, les polymères organiques capables d'émettre de la lumière sont qualifiés de « conjugués » et ils sont issus de la répétition régulière de monomères contenant des électrons π, de manière à obtenir une chaîne ne présentant pas d'interruption de la conjugaison ; le système d'électrons π est complètement étendu sur toute la chaîne. Les polymères conjugués conducteurs ont connu un essor considérable qui remonte en fait à l'année 1977 lorsque Heeger, MacDiarmid et Shirakawa, ont mis en évidence, l'existence d'une conductivité de type métallique dans le polyacétylène dopé. Cette découverte fut couronnée par le prix Nobel de chimie en 2000 [20]. Dans les années qui suivirent leur découverte, des applications basées sur les propriétés conductrices des polymères conjugués ont vu le jour.

Ces derniers se distinguent par la présence de liaisons de type π entre les atomes de carbone de la chaîne. Ces liaisons π, proches les unes des autres, engendrent la formation d'un nuage d'électrons π, qui a la faculté de se déplacer très aisément le long de cette chaîne conjuguée. Au début des années 1990, il est apparu clairement à la communauté scientifique que les polymères conjugués sont également très intéressants en tant que semi-conducteurs. Ils ont par exemple la capacité d'émettre de la lumière dans le domaine du visible, ce qui permet d'envisager de nombreuses applications tels que les OLEDs, FETs,….

III-2-4 Les composés azo-polymères étudiés

Une famille particulièrement intéressante de molécules push-pull est celle des azo-polymères possédant des groupes donneur et accepteur d'électrons, et séparés par un chemin conjugué qui est dans ce cas la un dérivé d'azobenzène. Parmi les azobenzènes, notre choix s'est porté sur l'utilisation du Disperse Red 1 qui est l'un des composés azo les plus largement étudiés [21,22].

Le Disperse Red 1 ($C_{16}H_{18}N_4O_3$), dont l'abréviation est DR1, est un dérivé azobenzène et appartient à la famille des pseudostilbènes. La différence par rapport à la molécule azobenzène vient des extrémités de la molécule où on voit bien la présence des deux systèmes électrodonneur et électroaccepteur. C'est donc une molécule unidimensionnelle de type "push–pull", $\mu = 7,5$ D [23], $\Delta\mu = 17$ D [24].

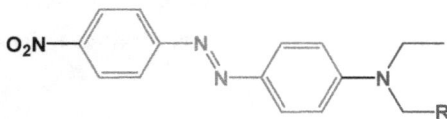

Fig.5: La structure chimique de Dispersed Red I,
(4–(N–2–hydroxyethyl)–N–ethyl)–amino–4'–nitroazobenzène),

La forme très allongée de l'isomère trans de la molécule de DR1 lui confère une forte anisotropie des propriétés optiques linéaires et non linéaires. Ces fragments d'azobenzène peuvent être soit mélangés dans les matrices de polymère ou attachés d'une manière covalente à celui-ci [25,26]. Le dernier cas se traduit généralement par des systèmes plus stables avec une densité accrue des chromophores et améliore la réponse optique non linéaire [27].

Deux types de greffage sont possibles : les chromophores sont greffés latéralement (en anglais "sidechain"), ou bien sont inclus dans la chaîne principale (en anglais "main chain" où les chromophores sont inclus dans une chaîne polymérique par leurs deux extrémités).

Dans ce travail, nous étudions une série de systèmes dits « push-pull » azobenzène greffé latéralement à un système polymérique (Figure 6). En particulier, l'étude comparative est effectuée entre les nouveaux systèmes S2, S3 et l'une des molécules les plus étudiés et connus en terme de transfert de charge ainsi que les propriétés ONL, qui est le DR1 (système S1). Les trois chromophores sont greffés au copolymère S, du côté du groupe donneur d'électrons, par une liaison covalente.

Le but de ce travail, est l'étude des propriétés physico-chimiques et des propriétés optiques linéaire et non linéaire de ces composés. Plus particulièrement, on étudie l'impact du groupement accepteur d'électrons et donc le transfert de charge qui ont lieu dans ces systèmes azobenzènes ainsi que l'effet de l'alignement des chromophores sur la non linéarité optique.

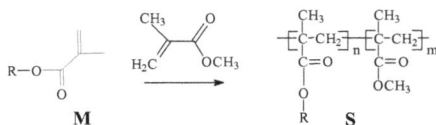

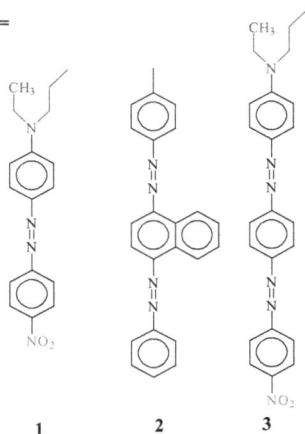

Fig.6 : Les structures chimiques des composés azo-polymères utilisés dans cette étude.

68

Le copolymère S3 se différencie du copolymère S1 par l'élongation de la chaine conjuguée et par une présence de deux systèmes azo portant à l'extrémité une fonction nitro. Le copolymère S2 quant à lui se différencie de S1 par l'absence des groupements accepteurs et donneurs d'électrons d'une part, et d'autre part un cycle benzénique est remplacé par un cycle naphtalénique. Ces composés chimiques ont été préparés par Dr. Oksana Krupka et Dr. Vitalik Smokal de l'université de Kiev en Ukraine. La synthèse et la caractérisation chimique de ces molécules sont présentées dans l'article de référence [28] ainsi dans la littérature [29,30].

III-3 Propriétés optique linéaire des copolymères

Dans cette troisième partie, nous allons détailler la caractérisation optique linéaire des composés azopolymères (S1, S2 et S3) obtenus sous forme de couches minces déposés sur un substrat de verre. Cela nous permettra de faire une étude complète des propriétés optique non linéaire du deuxième et du troisième ordre.

III-3-1 Préparation des couches minces

Les films minces de l'ensemble des systèmes S1, S2 et S3 sont préparés à la tournette (spin coating), c'est-à-dire par centrifugation de la solution filtrée sur les substrats de lames de verre classique (type BK7) de 1 mm d'épaisseur. La filtration de la solution à été faite à l'aide de seringues de nylon (la taille des pores étant de 0,4 µm).

Avant le dépôt, les substrats sont nettoyés dans un détergent Deconex, puis lavés à l'eau distillée ultrapure Millipore. Le lavage est répété deux fois. Les lames subissent ensuite un traitement au bac à ultrasons. Enfin, les verres ont été séchés dans un four à 100°C pendant au moins une heure. Le principe de dépôt est basé sur un étalement homogène de la solution sur le substrat en rotation avec une vitesse angulaire de 800 tours par minute. Pour la qualité de formation du film mince, le 1,1,2-trichlororéthane a été utilisé comme solvant.

Fig.7 : Photo de couches minces obtenues par la technique de spin coating.

La concentration en copolymère de 56 g / L a été utilisée. Immédiatement après le dépôt, les films ont été chauffés dans un four à 50 °C pendant 180 min afin d'éliminer toute trace de solvant. La mesure d'épaisseur des couches minces obtenues s'effectue à l'aide d'un profilomètre (Tencor, ALFA-Step) et elles présentent une épaisseur comprise entre 0.4 et 0.5 μm.

III-3-2 Absorption électronique UV-Visible

Les propriétés d'absorption électronique de ces composés ont été étudiées dans la gamme spectrale [300 nm-700 nm] où se situent les différentes transitions électroniques.

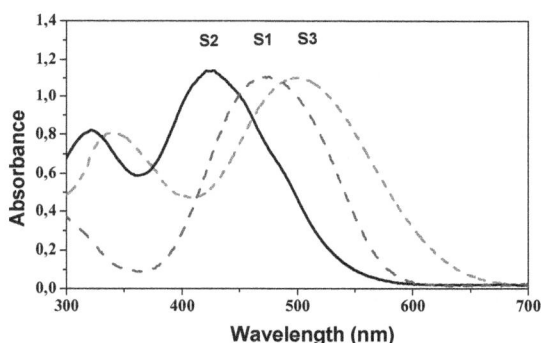

Fig.8 : Spectre d'absorption des systèmes azopolymères étudiés en couches minces.

Le tableau 1 donne les valeurs de la longueur d'onde maximale correspondant au pic d'absorption caractéristique de chacun systèmes étudiés et extraites à partir de la courbe précédente.

Les systèmes étudiés	S1	S2	S3
λ_{max} (nm)	474	425	502

Tableau 1: Les valeurs de λ_{max} des systèmes étudiés sous forme de couche minces.

Comme le montre la figure 8, la bande π-π* des systèmes S1 et S3 est décalée vers le rouge par rapport à S2. Le caractère donneur/accepteur a pour effet d'augmenter le phénomène de transfert de charge de la transition intramoléculaire $\pi \rightarrow \pi$ * et de déplacer fortement cette bande π-π * vers les hautes longueurs d'ondes. Dans notre cas, cela est dû à la présence des substituants donneur et accepteur d'électrons dans les polymères azobenzènes synthétisés (S1 et S3), ce qui a pour effet d'augmenter le caractère de transfert de charge de la transition π-π * [31]. Le fait que le système S3 montre une absorption maximale à une longueur d'onde plus élevée (vers 500 nm) parmi les composés étudiés reflète un fort transfert de charge se produisant entre le groupe donneur d'électrons (amino) et le groupe accepteur d'électrons (nitro). Cette amélioration de l'efficacité de transfert de charge, si on le

compare au système S1, peut être attribuée au fragment phenyldiazène supplémentaire dans la chaine latérale [32] qui permet l'augmentation de la conjugaison du système π.

III-4 Propriétés optiques non linéaire des azopolymères

La réponse optique non linéaire de films minces des composés azopolymères (S1-S3) a été étudiée au moyen de techniques expérimentales : la génération de la seconde Harmonique (SHG) et la génération de la troisième harmonique (THG) et par la technique Z-scan.

III-4 -1 Génération de la seconde Harmonique

La source utilisée est un laser Néodyme:YAG (Nd :YAG) émettant des impulsions de 30 ps à 1064 nm avec un taux de répétition de 10 Hz. Le faisceau laser est donc focalisé sur l'échantillon qui est lui-même placé sur un moteur de rotation ; le but étant d'enregistrer le signal de la seconde harmonique en fonction de l'angle incident. Cela nous permettra d'avoir les franges de Maker. Toutefois, l'obtention de propriétés ONL quadratiques macroscopiques nécessite de briser la centrosymétrie du milieu par l'orientation des chromophores. L'orientation des chromophores est réalisée de manière conventionnelle par application d'un champ électrique statique intense (Corona poling).

Pour illustrer l'impact de l'orientation des chromophores sous forme de films minces sur la réponse SHG, une première mesure des franges de Maker a été réalisée pour les systèmes azobenzène polymères S1-S3 en utilisant une polarisation d'excitation et de détection PP. Les résultats obtenus pour le système S1 contenant la molécule DR1 en tant que partie azobenzène du copolymère sont représentées dans la figure 10 avant et après l'alignement des chromophores. L'orientation a été effectuée en chauffant les films minces à une température voisine de la température de transition vitreuse (Tg) afin d'accroître la mobilité des chromophores. La détermination de la transition vitreuse est réalisée à l'aide d'une analyse calorimétrique différentielle à balayage (DSC). Pour ce faire, deux scans ont été effectués à une vitesse de chauffage de 10 ° C / min jusqu'à 200 °C suivi d'un refroidissement à 20°C. Comme le montre la figure 9, on observe une value de Tg de l'ordre de 140°C pour S3. Les valeurs obtenues pour S1 et S2 sont de 125°C et de 110°C respectivement (annexe I).

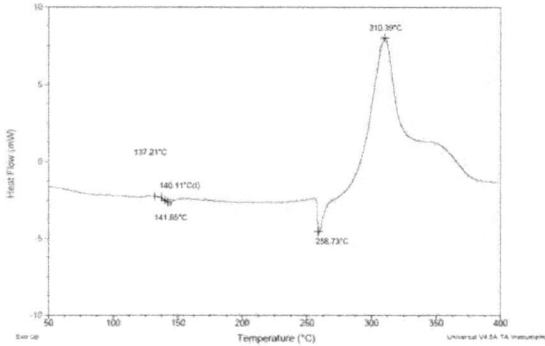

Fig.9: Courbe DSC obtenue pour le système S3.

Pour permettre l'orientation des différents chromophores par la technique de Corona Poling, un champ électrique intense de l'ordre de 4,5 kVa été appliqué lorsque les échantillons sont chauffés jusqu'à leur température vitreuse. Ce champ électrique reste appliqué durant le processus de refroidissement jusqu'à la température ambiante. Les mesures sont réalisées immédiatement après cette étape de polarisation des chromophores. Les résultats obtenus montrent qu'un signal intense est obtenu par rapport aux échantillons non orientés. Ce signal reste inchangé pendant une période d'environ deux semaines. Cette stabilité pendant cette longue période observée est principalement attribuée aux orientations des moments dipolaires qui restent gelés longtemps grâce à la température de transition vitreuse (Tg) élevée des systèmes étudiés.

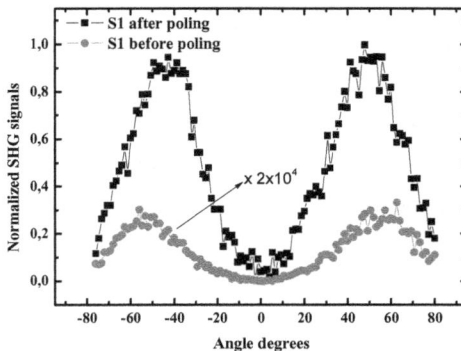

Fig.10 : Franges de Maker normalisés obtenus pour l'échantillon S1
avant et après Corona poling.

Afin de permettre une clarté visuelle de la figure ci-dessus, la courbe obtenue avant la Corona poling a été multiplié par un facteur de (2.10^4). Ainsi, en raison de l'énorme différence de la réponse entre la mesure avant et la mesure après orientation des chromophores, des différents filtres ND (de densité neutre) ont été utilisés pour atténuer les signaux. Le taux de transmission de ces filtres a été dans tous les cas pris en compte lors de l'analyse des données expérimentales. Comme attendu, on observe une différence significative de l'intensité du signal SHG obtenu avant et après poling. Ceci peut être attribué à l'alignement très efficace des molécules par le champ électrique appliqué. Un comportement similaire a été observé pour les deux autres systèmes S2 et S3.

Ces résultats peuvent être clairement vus dans le tableau 2 qui représente les valeurs correspondantes à la configuration de polarisation PP pour tous les systèmes.

La réponse non linéaire d'ordre 2 des systèmes après un traitement poling est d'environ 260 fois plus important pour S1 et 375 fois plus important pour S3. Dans le cas du système S2, le signal avant poling a été trop faible pour offrir un signal suffisant après poling. Pour tous les systèmes, une forte non-linéarité a été constatée après l'orientation des molécules.

Ensuite, des mesures comparatives des franges de Maker ont été effectuées entre les copolymères azobenzènes S1, S2 et S3 en utilisant différentes configurations de polarisation

Les Systèmes	$\chi^{(2)}$(pm/V)	
	Avant un traitement poling	Après un traitement poling
S1	0,1	26
S2	--	0,56
S3	0,08	30

Tableau 2 : Les valeurs de $\chi^{(2)}$ pour les systèmes S1-S3 avant et après l'orientation par corona poling.

d'excitation-détection. Pour cela, un deuxième polariseur a été placé juste après l'échantillon. Le signal du deuxième harmonique a donc été enregistré selon les trois différentes configurations PP, SP et SS dans les mêmes conditions expérimentales et après l'orientation des molécules par Corona poling.

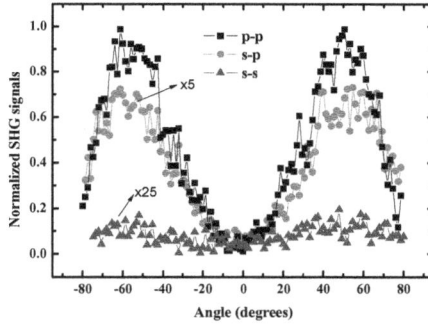

Fig. 11 : Mesures comparatives du signal SHG obtenues pour le système S3,
sous trois configurations de polarisation différentes.

Pour les trois systèmes étudiés, la configuration PP a entraîné la plus forte réponse optique non linéaire. L'efficacité intermédiaire a été obtenue pour la configuration SP, tandis que la configuration SS correspondait à l'efficacité la plus faible en terme de signal SHG. En particulier dans le cas du système S2, où le donneur d'électrons est absent dans la chaîne latérale, la configuration SS a entraîné un très faible rapport signal/bruit qui n'était pas suffisant pour la mesure.

La comparaison entre les différentes configurations d'état de polarisation (figure 11), où les courbes obtenues représentent une réponse SHG pour le système S3, sous des conditions expérimentales identiques et pour toutes les trois configurations différentes.

Les courbes correspondant aux configurations SP et SS sont multipliés par un facteur de 5 et 25, respectivement. La grande différence au niveau du signal est apparente, tandis que les maxima des signaux SHG correspondent à un angle d'environ 55 ° et le minimum l'incidence normale du faisceau laser.

Les Systèmes	$\chi^{(2)}$(pm/V)		
	Configuration s-s	Configuration s-p	Configuration p-p
S1	3,26	10,79	26
S2	--	0,08	0,56
S3	2,16	9	30

Tableau 3 : Les valeurs de $\chi^{(2)}$ efficace pour tous les systèmes étudiés selon
les différentes configurations de polarisation.

Pour les franges de Maker obtenues pour tous les polymères azobenzènes pour les configurations de polarisation étudiées, les valeurs efficaces de la susceptibilité non linéaire du deuxième ordre $\chi^{(2)}$ ont été déterminés en utilisant le quartz comme matériau de référence et sont présentés dans le tableau 3 . Les calculs de la susceptibilité non linéaire du deuxième ordre ont été faits en utilisant le modèle théorique Herman et Hayden [33] qui, prend en compte l'absorption des chromophores aux longueurs d'ondes d'excitation (λ_ω = 1064 nm) et du second harmonique ($\lambda_{2\omega}$ = 532 nm). Enfin, nous avons fait une étude comparative entre les trois composés. Les courbes caractéristiques obtenues pour ces systèmes sont présentés dans la figure 12 pour la polarisation pp. Cette dernière représente la configuration dans laquelle une forte non linéarité quadratique a été obtenue.

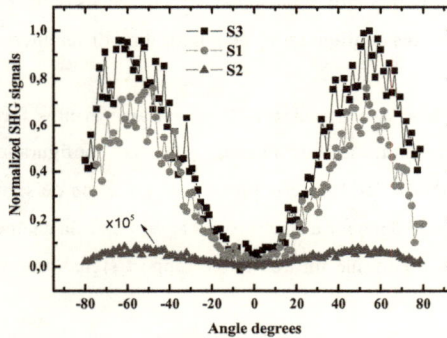

Fig.12: Mesures comparatives du signal SHG normalisé obtenue pour les systèmes S1-S3, en configuration pp.

Les valeurs $\chi^{(2)}$ des systèmes S1 et S3 sont quasiment identiques, mais sont beaucoup plus élevées que la valeur du système S2 ainsi que celle du matériau de référence ($\chi^{(2)}$ =1 pm/V). En particulier pour la configuration PP, la différence est d'un facteur d'environ 50. Cette amélioration importante en terme de réponse optique non linéaire peut être attribuée à la présence de groupements très électroaccepteur (nitro) et très électrondonneur (amino) et donc un fort transfert de charge dans le copolymère, qui a, par conséquent un fort impact sur la réponse ONL. Les résultats obtenus sont en bon accord avec des résultats déjà décrits dans la littérature. En effet, Rodriguez et al. [34], ont étudiés des films pDR1M azobenzène homopolymère, et ont réalisé une étude comparative entre les configurations PP et SS. Cette étude révèle qu'un signal plus élevé avec la configuration PP qui est en accord avec les résultats actuels que nous avons obtenus (voir figure 5). La valeur retrouvée ici pour le système S1 que l'on a considéré comme référence par rapport aux nouvelles structures S2 et S3, est en accord avec les valeurs déjà publiées dans la littérature [35, 34, 36].

III-4 -2 Génération de la troisième Harmonique

Une partie des études des propriétés ONL du troisième ordre a été effectuée par la technique de génération de la troisième harmonique (THG). Les mesures ont été réalisées à l'aide du dispositif expérimental détaillé au chapitre 2. Comme pour la SHG, le faisceau laser employé est à 1064 nm émettant des impulsions de 30 ps à une fréquence de 10 Hz. Le signal harmonique du troisième ordre généré est à une longueur d'onde de 355 nm. Les mesures THG ont été effectuées sur les mêmes films minces des trois copolymères (S1, S2 et S3) en utilisant des configurations de polarisation différentes. Il a été constaté que les configurations SS et PP produisent une augmentation au niveau signal du troisième harmonique, alors que la différence entre les deux configurations était dans l'erreur expérimentale.

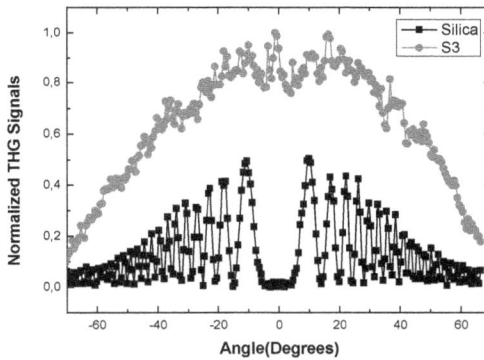

Fig.13: Courbe caractéristique THG, correspondante au système S3 (configuration de polarisation PP).

Au contraire, lorsque différents polarisations d'excitation et de détection (PS ou configurations SP) ont été utilisées, le signal a été significativement réduit à des valeurs plus basses. A titre d'exemple, le signal THG obtenu en fonction de l'angle d'incidence est présenté dans la figure 13 correspondant au système S3 en polarisation P à la fois pour l'excitation et pour la détection. Les valeurs de la susceptibilité non linéaire d'ordre trois $\chi^{(3)}$ pour les des configurations de polarisation PP, SS, SP, et PS des copolymères S1, S2 et S3, obtenues avant l'orientation des chromophores, selon la même procédure décrite pour les propriétés non linéaire du deuxième ordre, sont présentés dans le tableau suivant :

Les systèmes	$\chi^{(3)}$ (10^{-22} m^2/V^2)			
	Configuration s-s	Configuration s-p	Configuration p-s	Configuration p-p
S1	2432	2420	1584	1574
S2	147	148	118	112
S3	618	612	416	432

Tableau 4 : Susceptibilités non linéaire du troisième ordre ($\chi^{(3)}$) dans toutes les configurations de polarisation étudiés.

Dans tous les cas, les valeurs trouvées sont très élevées, ce qui indique une efficacité du signal de la génération de la troisième harmonique des azobenzènes. Ces valeurs sont jusqu'à 3 fois plus élevées que les valeurs obtenues pour le matériau de référence (DR1) [37]. La valeur obtenue pour le poly (1,4-phénylènevinylène) contenant le Disperse Red 1 est d'environ 7 fois plus faible que celle rapportée ici. Cette différence peut être attribuée aux structures chimiques différentes des systèmes étudiés ainsi qu'au fait que les mesures décrites ont été effectuées à 1907 nm, à savoir dans la région transparente pour le système. En outre, les valeurs de $\chi^{(3)}$ des systèmes S2 et S3 que l'on a trouvé sont plusieurs fois inférieures si on les compare avec le système S1. Plus précisément, dans le cas de la configuration PP, l'efficacité des systèmes S2 et S3 est diminuée d'environ 16 et 4 fois, respectivement, par rapport au système S1. En accord avec les résultats SHG, la non-linéarité copolymères S1 et S3 est beaucoup plus élevée que celle de S2 en raison du transfert de charge accru de ces systèmes. Une deuxième expérience comparative pour cette série de composés a été faite avant et après Corona poling afin d'étudier l'effet de l'orientation de ces molécules sur les propriétés optiques non linéaires du troisième ordre. Les résultats obtenus sont dans tous les cas identiques pour les trois systèmes, ce qui indique que la génération de la troisième harmonique n'est pas dépendante de l'alignement des molécules [38,28].

Dans le tableau 5, les valeurs des susceptibilités non linéaires du troisième ordre avant et après la corona poling sont illustrées, pour la configuration de polarisation PP et pour tous les systèmes étudiés. Les faibles différences observées sont principalement dues à l'erreur expérimentale des mesures. Il est à noter que ces valeurs ont été calculées par le modèle de Kubodera et Kobayashi en tenant compte de l'absorption des systèmes étudiés.

Les Systèmes	$\chi^{(3)}$ (10^{-22} m^2/V^2)	
	Avant l'orientation par corona poling	Après l'orientation par corona poling
S1	2432	2442
S2	147	144
S3	618	612

Tableau 5 : Les susceptibilités non linéaires du troisième ordre ($\chi^{(3)}$) pour les systèmes S1-S3, avant et après corona poling.

Nous avons montré que les nouveaux polymères azobenzènes présentent de très hautes non-linéarités du second et du troisième ordre, qui peuvent être modulées par une fonctionnalisation chimique appropriée du polymère, y compris par l'introduction de groupes accepteurs et électrodonneurs appropriés. Il en résulte alors une modification du transfert de charge au sein de la molécule, ainsi que pour le fort impact de celle-ci sur la réponse ONL. En effet, en appliquant un champ électromagnétique plus intense générant des énergies proches de celle des interactions coulombiennes Noyau/Electrons, l'oscillation devient anharmonique (asymétrique). Dans le cas des molécules constituées d'un groupement accepteur d'électrons (A) et d'un groupement donneur d'électrons (D) reliés par un système de liaisons π délocalisées, la non linéarité de la réponse peut s'illustrer par une différence de la délocalisation électronique lors de l'excitation par un champ oscillant.

III-4 -3 Les résultats obtenus par Z-scan

Les expériences de Z-scan permettent de mesurer la non linéarité du troisième ordre. Cette technique a l'avantage de générer un signal permettant de donner l'amplitude et le signe de la non linéarité optique. Le principe de mesure est relativement simple, il s'agit de déplacer un échantillon le long d'un faisceau laser focalisé afin de varier l'intensité de la lumière incidente sur ce dernier. On mesure ensuite la variation de transmission de cet échantillon avec (indice de réfraction non-linéaire) ou sans ouverture (absorption non-linéaire) afin d'en déduire la valeur des propriétés non-linéaires.

III-4 -3-1 Les résultats en régime picoseconde

Les mesures ont été faites selon deux différents systèmes laser : Un laser Nd:YAG en mode-locked en régime picoseconde (35 ps) et un deuxième laser Q-switched en régime nanoseconde (4 ns).Les mesures ont été réalisées à la fois à 532 nm et à une fréquence de répétition de 10 Hz.

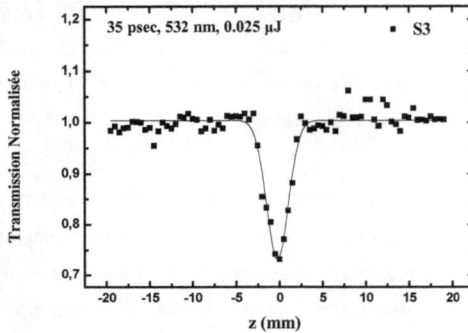

Fig.14 : Courbe de transmission non linéaire normalisée en fonction de la position z pour le système S3. Les mesures sont réalisés en régime picoseconde (35 ps) et à une énergie incidente de 0,025 μJ.

La courbe de la figure 14 résulte des mesures de la transmission non linéaire normalisée effectuées avec la configuration open Z-scan du système S3 dans un régime picoseconde. Elle montre un comportement d'absorption saturable inversée (RSA). Nous constatons une diminution de la transmission de l'échantillon autour de z=0 qui représente le point focale de la lentille de focalisation. En ce point l'intensité du faisceau pompe est tellement grande que des effets non linéaires sont induits dans l'échantillon. La diminution de la transmission est due à l'absorption non linéaire de l'échantillon suite à la modification de ses propriétés par l'effet non linéaire induit. La même mesure faite pour les systèmes S1 et S2 a montrée respectivement des comportements d'absorption saturable et d'absorption saturable inversée.

Les mesures ont également été réalisées à l'aide de la configuration Closed de Z-scan. La figure 15 illustre le résultat obtenu pour la configuration 'divided Z-scan' pour les deux systèmes S1 et S3.

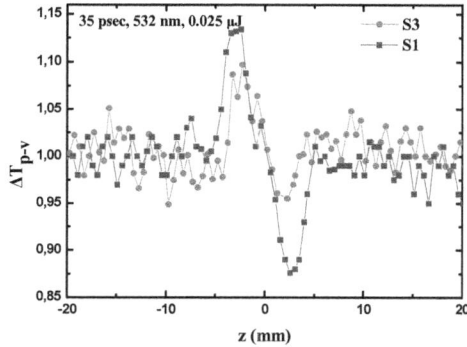

Fig.15: Courbe de transmission non linéaire normalisée en fonction de la position z
pour les système S1 et S3 (532 nm, 35 ps) à une énergie incidente de 0,025 µJ.

Les courbes obtenues montrent un pic de transmission suivie par un minimum au point focale, ce qui correspond à une configuration pic-vallée. La différence de la transmission normalisée mesurée entre le sommet et la vallée, ΔT_{p-v}, a permis de déduire les paramètres d' indice de réfraction non linéaire γ' ainsi que la partie imaginaire $Im\chi^{(3)}$. Le même comportement a été observé pour le système S2. Pour la détermination de la réfraction non linéaire, plusieurs mesures des différents systèmes à différentes énergies incidentes du laser ont été effectuées. Et afin de faciliter la comparaison entre les réponses non linéaire, la variation des valeurs ΔT_{p-v} des systèmes étudiés S1-S3 en fonction des énergies laser incidentes sont présentés sur la figure 16.

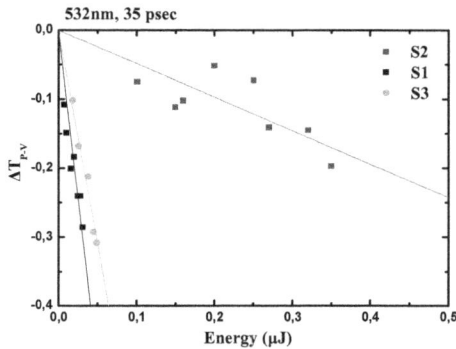

Fig.16: Variation de ΔT_{p-v} en fonction de l'énergie de laser incidente
des systèmes étudiés (35 ps, 532 nm).

Les résultats obtenus montrent que la variation ΔT_{p-v} trouvée, dans tous les cas, est corrélée linéairement avec l'énergie du laser incident. Les lignes pleines de la figure correspondent aux meilleurs ajustements linéaires des données expérimentales. Les pentes obtenues de ces droites, nous permettent de déterminer la partie réelle $Re\chi^{(3)}$ de chaque système.

Le tableau 6, illustre les valeurs des paramètres non linéaires déterminés, dans les mêmes conditions.

Les Systèmes étudiés	$\gamma' \times 10^{-14}$ (m²/W)	$\beta \times 10^{-7}$ (m/W)	$Re\chi^{(3)} \times 10^{-9}$ (esu)	$Im\chi^{(3)} \times 10^{-9}$ (esu)	$\chi^{(3)} \times 10^{-9}$ (esu)
S1	-(64,76±2,73)	60,13±2,83	-(92,40±3,90)	35,17±1,65	98,86±4,23
S2	-(1,65±0,26)	-(3,46±1,46)	-(2,35±0,37)	-(2,02±0,85)	3,12±0,93
S3	-(13,87±0,40)	7,03±3,52	-(19,78±0,57)	4,11±2,05	20,2±3,56

Tableau 6 : Valeurs des paramètres non linéaires déterminés par Z-scan
en régime picoseconde (35 ps, 532 nm).

Une différence entre les réponses des trois composés a été observée. En particulier, le système S2 montre une réponse faible par rapport aux systèmes S1 et S3.

III-4 -3-2 Les résultats en régime nanoseconde

Des mesures Z-scan similaires ont été effectuées pour les mêmes systèmes S1-S3 en utilisant un laser d'excitation en régime nanoseconde. La figure 17 montre la variation ΔT_{p-v} en fonction de l'énergie incidente du laser pour les trois composés azopolymères. Encore une fois, les lignes pleines correspondent à l'ajustement linéaire des données expérimentales et leurs pentes sont reliées à la grandeur $Re\ \chi^{(3)}$.

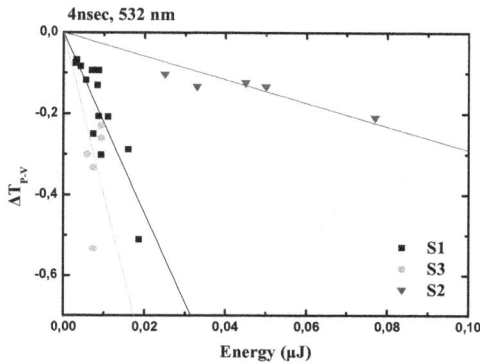

Fig.17: Courbe de variation de $\Delta T_{p\text{-}v}$ en fonction de l'énergie de laser incidente des systèmes étudiés en régime nanoseconde (4 ns, 532 nm).

A partir de l'analyse des données expérimentales, les parties imaginaires et réelles de la susceptibilité du troisième ordre $\chi^{(3)}$ des trois systèmes étudiés simultanément ont été obtenues et sont présentées dans le tableau 7. Dans le même tableau, les valeurs correspondant aux paramètres d'absorption non linéaire ont également été incluses.

Les Systèmes étudiés	$\gamma' \times 10^{-11}$ (m²/W)	$\beta \times 10^{-2}$ (m/W)	Re$\chi^{(3)} \times 10^{-6}$ (esu)	Im$\chi^{(3)} \times 10^{-6}$ (esu)	$\chi^{(3)} \times 10^{-6}$ (esu)
S1	-9.32±2.57	0.161±0.07	-13.3±0.94	10±4	16.63±2.73
S2	-0.60±0.17	-	-0.35±0.1	-	0.35±0.1
S3	-13.54±2.7	0.27±0.06	-19.31±3.85	16±0.9	25.1±3.8

Tableau 7 : Valeurs des paramètres non linéaires déterminés par Z-scan.

En régime nanoseconde, le système S3 montre une réponse forte par rapport au système S1. Tandis que le système S2 montre une réponse faible par rapport aux deux autres systèmes S1 et S3. Les résultats obtenus par cette méthode sont cohérents avec ceux retrouvés auparavant par la technique de la génération de la troisième harmonique, qui donne des informations sur les effets non linéaires du troisième ordre. L'homogénéité et la qualité des films minces ont contribué à une étude dans de bonnes conditions car dans le cas d'une inhomogénéité ponctuelle (rayure, poussière, etc...), l'effet de la diffusion peut être également très gênant et engendrer des taches de diffraction complexes sur le diaphragme, ce qui n'était pas le cas pour nos mesures.

III-4 -4 biréfringence photo-induite (effet Kerr optique)

Les mécanismes d'orientation moléculaire jouent donc un rôle déterminant dans les processus de modulation d'indice des polymères contenant des colorants azoïques. De ce fait, le champ d'investigation devient très étendu et plus complexe. Nos travaux entrent dans le cadre d'une meilleure compréhension des mécanismes moléculaires aboutissant à de la biréfringence photo-induite.

Afin d'étudier l'influence de la lumière λ = 532 nm sur les composés azopolymères étudiés, un laser Nd: YAG pulsé, en régime picoseconde (ps), a été utilisé comme source d'excitation avec une énergie de l'ordre de E $\approx$ 100 μJ/cm^2 et une fréquence de f = 10Hz. La détection du changement de biréfringence induite dans nos échantillons, s'est faite par l'intermédiaire d'un système de polariseur et analyseur croisés placé perpendiculairement au faisceau laser continu cw He-Ne à λ = 632,8 nm. Les axes de transmission des polariseurs sont perpendiculaires entre eux et font un angle azimutal de 45° par rapport à la direction du champ électrique du faisceau d'excitation laser pulsé. Un filtre interférentiel permettant de couper le faisceau à 532 nm, a été placé devant la photodiode afin d'assurer la détection de la lumière provenant du laser cw He-Ne. La photodiode a été reliée à l'oscilloscope, afin d'observer les changements d'intensité lumineuse après l'excitation par le faisceau laser pulsé.

Comme nous l'avons présenté dans la figure 6 de ce chapitre (composés azoïques S1, S2 et S3), ce type de molécules possède deux isomères de conformation. La forme trans est l'état de plus bas potentiel, mais une illumination peut amener la molécule dans sa forme cis. Lors de ces isomérisations, la molécule acquiert une certaine liberté de rotation. Son axe

d'isomérisation peut ainsi se réorienter. Un signal effet kerr OKE résultant du système S1 et induit par le laser pulsé (le faisceau à 632,8 nm passant à travers l'échantillon et analyseur (90 °)) est présenté sur la figure 18. Il est composé de deux états, A et B, dite statique et dynamique. Durant l'intervalle temporel [0, 3s], le faisceau laser est éteint. On remarque un signal constant et nul, durant ce temps. Après l'illumination par faisceau laser, on observe une augmentation significative du signal.   Une partie de ce dernier est zoomé afin de bien apercevoir le comportement ou autrement dit la forme du signal.

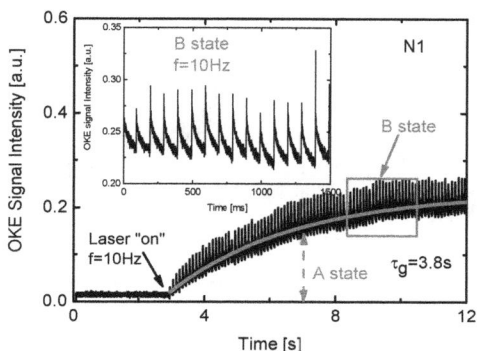

Fig.18: Signal OKE caractéristique du système S1, induite par laser pulsé à la fréquence de f = 10 Hz et composé des deux états : statique (état A) et dynamique (état B).

Le mécanisme de biréfringence et de dichroïsme optique photoinduit dans les matériaux azobenzènes photochromiques est principalement basé sur la photoisomérisation réversible 'trans–cis–trans' des azochromophores (dérivés de l'azobenzène). La photo-orientation moléculaire est initiée par l'absorption anisotropique moléculaire de la lumière polarisée depuis la transition du moment dipolaire des azobenzènes qui est orienté suivant l'axe moléculaire de l'isomère trans allongé. En fonction du système polymère-chromophore (chromophore mélangé à une matrice polymère ou chromophore attaché de manière covalente au squelette du polymère) et les conditions expérimentales, l'alignement moléculaire peut être quasi permanent ou totalement réversible.

La partie statique du signal OKE, est une conséquence des processus de la rotation angulaire (AR) et de la diffusion rotationnelle (RD) des molécules trans. Une telle biréfringence statique, qui résulte de l'alignement axial quasi-permanent de la population des molécules azoïques trans attachés à la chaîne polymère, devient visible pour une illumination du faisceau continu (cw) pour un temps assez long. En même temps, les molécules azobenzène subissent, sous excitation lumineuse, une transition de l'état trans à l'état cis avec différente polarisabilité. Après l'absorption d'un autre photon, cette molécule retourne à la position initiale sans redistribution orientée. Un tel comportement est responsable de la biréfringence dynamique (l'état B) qui est présenté dans la figure 19. Après les calculs que nous avons réalisés pour le système S1, on a pu obtenir les valeurs suivantes τg = 3,8 s et τd = 46 ms pour l'état statique et l'état dynamique respectivement.

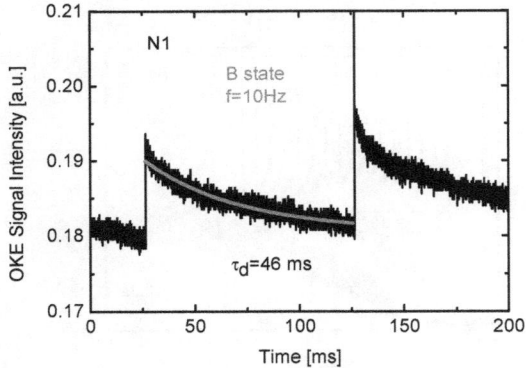

Fig.19 : Signal OKE de l'état dynamique (état B) du système S1 induit par le laser pulsé à la fréquence f = 10 Hz.

Une série d'expériences similaires du changement de la biréfringence photoinduite a été fait pour les systèmes S2 et S3. Les résultats expérimentaux du signal OKE pour les deux états, statique et dynamique du système S3 sont présentés dans les figures 20 et 21.

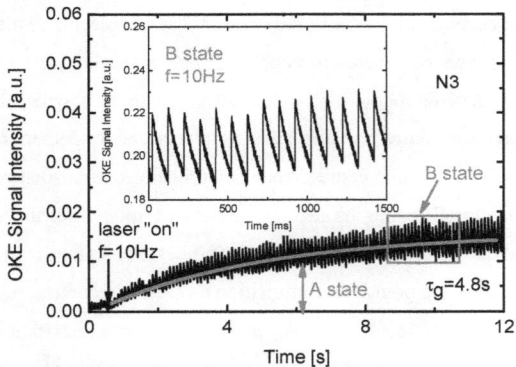

Fig.20 : Le signal OKE du système S3, induite par laser pulsé et composé des deux états : statique (état A) et dynamique (état B).

Pour l'évolution temporelle de l'état A (Fig. 19) et la décomposition de l'état B présentés dans la figure 20, nous avons utilisé les mêmes fonctions monoexponentielles que celle utilisé pour le système S1. A partir des calculs, nous avons obtenu pour l'échantillon S3, τ_g = 4,8 s et τ_d = 88 ms alors. Le système S2 ne montre aucune réponse OKE.

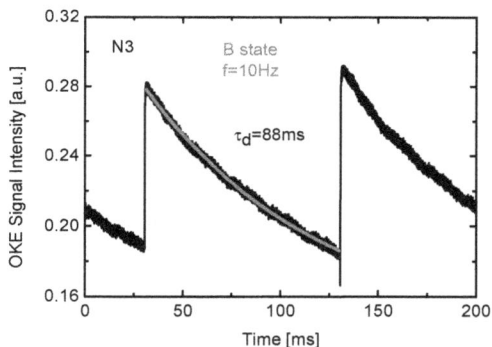

Fig.21 : Signal OKE de l'état dynamique (état B) du système S3 induit par le laser pulsé à la fréquence f = 10 Hz.

Les constantes de temps calculées expérimentalement pour le système S1 sont plus petites que celles calculées pour le système S3. En comparant les structures chimiques des deux systèmes étudiés il apparaît clairement que cette différence est principalement due au fait que la présence de deux partie azobenzènes dans la même chaine polymérique empêche une rotation rapide du système S3. Les résultats obtenus sont cohérents avec les résultats obtenus auparavant pour les processus optiques non linéaires du troisième ordre « La génération de la troisième harmonique et la technique de Z-scan », ce qui explique l'origine de la réponse non linéaire du troisième ordre du système S1 par rapport au système S3 qui peut être du à la dominance de la contribution moléculaire. En fait, le système S1, contient un seul groupement azo et qui a une liberté de rotation an comparaison avec le système S3 qui, quant à lui, contient deux groupements azo et donc une difficulté de rotation. Ainsi, la photo-isomeristaion du système S1 (conformation Trans-Cis) est plus rapide que celles du système S3. Et finalement, le système S2 ne donne aucune réponse (très très faible), ce qui était le cas le long de ces mesures effectuées.

Conclusion

Nous avons conçu et synthétisé de nouveaux copolymères PMMA-azobenzènes pour l'optique non linéaire en variant la taille des systèmes conjugués entre un groupement donneur et un groupement accepteur d'électrons. Les molécules photochromes sont accrochées au copolymère, du côté du groupe donneur d'électrons, par une liaison covalente.

L'ensemble des propriétés non linéaires deuxième et troisième ordre ont été étudiés par les techniques expérimentales SHG, THG et Z-scan et par biréfringente photo induite par effet Kerr optique. Une première étude a concerné l'influence de l'orientation des molécules par un champ électrique intense sur les propriétés optiques. D'une manière générale, l'orientation induite (par voie électrique ou optique) des molécules actives est d'autant plus stable que la température de transition vitreuse Tg est élevée. Les paramètres ONL trouvés sont très importants dans tous les cas. Les grandes différences entre la non-linéarité des systèmes ont été discutées.

La commutation dynamique de biréfringence dans le montage expérimental de l'effet Kerr optique a été mesurée pour ces nouveaux composés azopolymères. Un temps de commutation court (de l'ordre de millisecondes) de la partie dynamique du signal a été observé. Le mécanisme de formation du signal OKE est basé sur la rotation angulaire et les processus de diffusion rotationnelle et de la photoisomérisation réversible d'un état trans vers l'état cis. Il a été observé, qu'il existe une corrélation entre la structure chimique (nombre d'unités azobenzènes) et l'intensité du signal OKE de chaque processus (propriétés optiques non linéaires).

Références

[1] Feng, C. L.; Zhang, Y. J.; Jin, J.; Song, Y. L.; Xie, L. Y.; Qu, G. R.; Jiang, L.; Zhu, D. B. *Langmuir* **2001**, *17*, 4593-4597.

[2] N. Delorme, J.-F. Bardeau, D. Nicolas-Debarnot, A. Bulou, and F. Poncin-Epaillard, Langmuir 2003, 19, 5318-5322

[3] Tian, Y.; Watanabe, K.; Kong, X.; Abe, J.; Iyoda, T. *Macromolecules* **2002**, *35*, 3739.

[4] J. Eickmans, T. Bieringer, S. Kostromine, H. Berneth, R. Thoma, Jpn. J. Appl. Phys., 1999, 38, 1835

[5] T. Todorov, L. Nikolova, T. Tomova, Appl. Opt., 1984, 23, 4309

[6] Nobel, Ann., 98, 253 (1856).

[7] Kaino, T. J. Opt. A: Pure Appl. Opt. 2000, 2, R1.

 [8] Kaneko, F.; Kato, T.; Baba, A.; Shinbo, K.; Kato, K.; Advincula, R. C. Coll. Surf. A 2002, 198-200, 805.

[9]Rocha, L.; Dumarcher, V.; Malcor, E.; Fiorini, C.; Denis, C.; Raimond, P.; Geffroy, B.; Nunzi, J.-M. Synt. Met. 2002, 127, 75.

[10] K. Noriyuki, T. Shigenori, I. Satoshi. J. Phys. Chem. A 104, 8114 (2000).

[11] S. Bian, J. M. Williams, D. Y. Kim, L. Li, S. balasubramanian, J. Kumar, S. K. Tripathy, J. Appl. Phys., 1999, 86, 8, 4498

[12] Mustroph, H. Dyes and Pigments 1991, 15, 129.

[13] C. J. Barret, A. Natansohn, P. Rochon, J. Phys. Chem., 1996, 100, 8836

[14] Sato, M.; Kinoshita, T.; Takizawa, A.; Tsujita, Y. Macromolecules 1988, 21, 1612.

[15] Xie, S.; Natansohn, A.; Rochon, P. *Chem. Mater.* **1993**, *5*, 403-411.

[16] Kenji Sakamoto, Kiyoaki Usami, Takashi Kanayama, Manabu Kikegawa, and Sukekatsu Ushioda,Journal of Applied Physics, 94(4) :2302-2307, 2003.

[17] J. R. Lakowicz, "Spectroscopie de fluorescence ", New York (N.Y.) Kluwer Academic/Plenum 1999.

[18] S. R. Marder, D. N. Beratan et L.-T. Cheng, "Approches for optimizing the first electronic hyperpolarizability of conjugated organic molecules", Science 252, pp. 103–106 (1991).

[19] S. R. Marder, J. W. Perry, G. Bourhill, C. B. Gorman, B. G. Tiemann et K. Mansour, Science 261, pp. 186–189 (1993).

[20] A. J. Heeger, *Angew. Chem. Int. Ed.*, 2001, **40**, 2591.

[21]Nahata, A.; Shan, J.; Yardley, J. T.; Wu, C. J. Opt. Soc. Am. B 1993, 10, 1553.

[22] Kuzyk, M. G.; Sohn, J. E.; Dirk, C. W. J. Opt. Soc. Am. B 1990, 7, 842.

[23] K. Yamaoka, E. Charney, J. Am. Chem. Soc,94, No. 26, pp. 8963–8974 (1972).

[24] W. Liptay, Angew. Chem. Internat. Edit. 8, No. 3, pp. 177–188 (1969).

[25]Burland,D. M.;Miller, R. D.;Walsh,C.A. Chem. Rev. 1994, 94, 31.

[26] Eich, M.; Sen, A.; Looser, H.; Bjorklund, G. C.; Swaien, J. D.;Twieg, R.; Yoon, D. Y. J. Appl. Phys. 1989, 66, 2559.

[27] Yesodha, S. K.; Sadashiva Pillai, C. K.; Tsutsumi, N. Prog. Polym.Sci. 2004, 29, 45

[28]   H. El Ouazzani, K. Iliopoulos, M. Pranaitis, O.Krupka, V.Smokal, A. Kolendo, and B.Sahraoui, *J. Phys. Chem. B*, **2011**, *115* (9), pp 1944–1949.

[29] Ortyl, E.; Chan, S. W.; Nunzi, J.-M.; Kucharski, S. Opt. Mater.2006, 29, 268.

[30] Singer, K. D.; Kuzyk, M. G.; Sohn, J. E. J. Opt. Soc. Am. B 1987,4, 968.

[31] Li, N.; Lu, J.; Xia, X.; Xu, Q.; Wang, L. Polymer 2009, 50, 428.

[32] Qian, Y.; Xiao, G.; Wang, G.; Lin, B.; Cui, Y.; Sun, Y. Dyes Pigm. 2007, 75, 218.

[33] W.N. Herman, L.M. Hayden, *J. Opt. Soc. Am. B* 12, pp. 416- 427, (1995)

[34] Rodriguez, V., Adamietz, F., Sanguinet, L., Buffeteau, T., Sourisseau, C. J. Phys. Chem. B 2003, 107, 9736.

[35] Singer, K. D., Sohn, J. E., Lalama, S. J. Appl. Phys. Lett. 1986,49, 248.

[36] Mortazavi, M. A.,Knoesen, A., Kowel, S. T.; Higgins, B. G.;Dienes, A. J. Opt. Soc. Am. B 1989, 6, 733.

[37] Yoon, C. B.; Lee, J. I.; Shim, H. K. Synth. Met. 1997, 84, 273.

Chapitre IV

Les propriétés optiques des nouveaux composés Styrylquinolinium

Chapitre IV

Table des matières

Chapitre IV :

Les propriétés optiques des nouveaux composés Styrylquinolinium

Introduction

Les matériaux Organiques pour l'optique non linéaire (ONL) varient des polymères à cristaux moléculaires, cristaux liquides, composés organométalliques et de nouveaux hybrides nanocomposites organiques / inorganiques. L'intérêt récent des matériaux organiques pour des applications dans le domaine de l'optique, vient en premier lieu du fait que, par ingénierie moléculaire, il est aujourd'hui possible de conférer à un matériau des propriétés "sur mesures". Les matériaux massifs ou des structures en couches minces avec une non-linéarité élevée peuvent être facilement utilisées pour les dispositifs ONL et des applications comme les commutateurs optiques, modulateurs, dispositifs pour les processus de mélanges de fréquences, des capteurs optiques, des circuits intégrés optiques pour les télécommunications et l'informatique optique [1].

Récemment, beaucoup d'efforts ont été consacrés pour comprendre l'origine de la non-linéarité dans les systèmes et de relier les réponses non-linéaires optiques à la structure électronique et la géométrie moléculaire pour la conception et la fabrication des matériaux ONL d'hyperpolarisabilité moléculaire importante [2, 3]. La conception la plus fréquente comprend des systèmes donneurs et accepteurs d'électrons reliés par un système π-conjugué (chromophores de type push-pull comme ceux étudiés dans le chapitre précédent) [4-7].

Ainsi, la longueur des systèmes conjugués comprenant des groupements tels que le benzène, l'azobenzène, hétérocycles ou polyènes est un facteur essentiel contribuant à l'amélioration des effets non linéaires. Les propriétés physiques particulières de ces systèmes NLO sont régies par le degré élevé de délocalisation électronique le long de l'axe de transfert de charge. En raison de leurs applications potentielles, dans les dispositifs photoniques, les propriétés optiques non linéaires des matériaux ont généré beaucoup d'efforts expérimentaux [8-9] ainsi que des recherches théoriques [10 - 11].

L'idée de base de la conception d'un nouveau système styrylquinolinium est d'élargir la conjugaison en utilisant des fragments quinoléine et naphtalène. Le but de ce travail est d'abord d'employer la technique de dépôt des couches minces nommée (PLD) en utilisant un laser de type (UV TEA N2) relativement compact et pas cher, pour produire des films minces fonctionnels de haute qualité sur des substrats différents pour une étude optique non linéaire. Une caractérisation ONL complète du deuxième et troisième a été effectuée au moyen des techniques expérimentales, Z-scan [12], SHG et THG [13, 14] afin d'étudier la possibilité d'utiliser ces systèmes dans des applications photoniques.

IV-1 Les matériaux

Les matériaux organiques avec des cycles aromatiques représentent une classe importante de composés présentant une non-linéarité élevée [15,16]. Ils présentent certains avantages par rapport aux matériaux inorganiques [17]. En effet, la propagation des charges qui détermine la polarisation suit des mécanismes très différents dans les deux cas. Pour les composés inorganiques, essentiellement ioniques, cette polarisation est surtout due à des déplacements d'ions relativement massiques. Ces déplacements sont forcément limités dans un réseau ordonné et les polarisations électroniques ne peuvent contribuer que faiblement aux effets non linéaires.

Les matériaux organiques, quant à eux, sont à la base de systèmes ayant des électrons π conjugués. Cette fois-ci, les charges ne sont pas confinées dans des zones limitées de l'espace et peuvent se déplacer sur de grandes distances, ce qui augmente la polarisabilité. De plus, les matériaux organiques présentent des non linéarités non résonantes plus importantes, dues à des excitations ultra rapides d'états électroniques, qui permettent donc des réponses extrêmement rapides [18].

IV-1-1 Système étudié

Dans le cadre de recherche de nouveaux composés à base de quinoléine pour l'optique non linéaire, le composé styrylquinolinium a été synthétisé.

La quinoléine, est un composé organique aromatique hétérocyclique de formule chimique C_9H_7N. Elle peut être décrite schématiquement comme étant formée par la "soudure" d'une molécule de benzène et d'une molécule de pyridine et présente des propriétés ONL intéressantes.

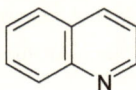

Fig.1 : Structure chimique de la molécule Quinoléine.

La molécule de pyridine, de formule brute C_5H_5N, est quant à elle un composé hétérocyclique simple et fondamental qui se rapproche de la structure du benzène où un des groupements CH est remplacé par un atome d'azote. Elle existe sous la forme d'un liquide limpide, légèrement jaunâtre ayant une odeur désagréable et pénétrante (aigre, putride et évoquant le poisson). Elle est très utilisée en chimie de coordination comme ligand et en chimie organique comme réactif et solvant. Les dérivés de la pyridine sont très nombreux dans la pharmacie et dans l'agrochimie. La pyridine est utilisée comme précurseur dans la fabrication d'insecticides, d'herbicides, de médicaments, d'arômes alimentaires, de colorants, d'adhésifs, de peintures, d'explosifs et de désinfectants. Elle est un composé aromatique qui possède une réactivité différente du benzène.

Fig.2 : Structure chimique de la molécule de pyridine.

La quinoléine est utilisée dans des procédés métallurgiques, ainsi que dans la fabrication de polymères, de colorants et de produits agrochimiques. Elle est également utilisée comme solvant, comme désinfectant et comme conservateur alimentaire, par exemple E324 (Ethoxyquine) qui est un conservateur et pesticide de la famille de la quinoléine.

Dans ce travail, de nouveaux composés ont été synthétisés (figure 3) à base de cette molécule (quinoléine). L'idée de base de la conception du nouveau système styrylquinolinium bromure de (E)-1-éthyl-4-(2-(4-hydroxynaphthalen-yl)vinyl) quinolinium est d'élargir la conjugaison en utilisant des fragments quinoléine et naphtalène.

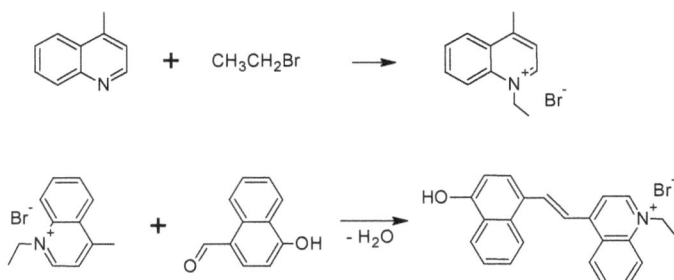

Fig.3: Schéma réactionnel pour obtenir le système étudié : bromure de E)-1-éthyl-4-(2- (4-hydroxynaphthalen-1-yl) vinyl) le quinolinium.

94

Ce nouveau composé représente un système push-pull avec un groupement donneur et un groupement accepteur d'électrons. Dans ces molécules, le groupe accepteur d'électrons « attire » de la densité électronique du groupe donneur à travers le pont conjugué. En conséquence, les électrons π du squelette deviennent polarisés, ce qui donne lieu à un moment dipolaire moléculaire qui définit un axe de transfert de charge qui coïncide approximativement avec l'axe de la chaîne du système conjugué [19-20].

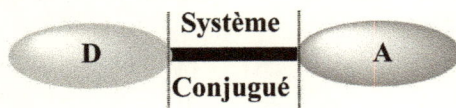

Fig.4 : Modèle d'une molécule push-pull. D est donneur et A est accepteur.

Le groupement quinoléine est dans ce cas là l'accepteur d'électrons tandis que le groupement hydroxyle (OH) en position 4 dans l'anneau de naphtalène représente le donneur. La double liaison-CH = CH-étant le pont séparant ces deux groupements.

Le transfert de charge dans ce système conjugué est intra-moléculaire et il passe de la paire libre électronique de l'atome d'oxygène du groupe hydroxyle phénolique (donneur d'électrons) à l'atome d'azote charge positive dans l'azote quaternaire du système quinolinium. La figure 5, montre la distribution de charge de la densité électronique de la molécule dans l'état fondamental, et l'état excité, obtenu après l'absorption de l'énergie lumineuse.

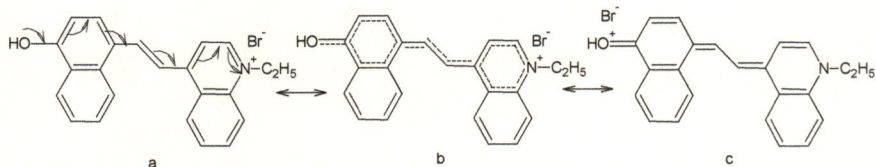

Fig.5: Représentation schématique de la délocalisation électronique et de la distribution de charge dans l'état fondamental (a), et l'état excité (c) du système étudié avec la forme mésomère (b).

Sur la base de calculs de chimie quantique, Fromherz [21] a rapporté pour les colorants hémicyanine que la charge positive du chromophore est déplacée à l'excitation du fragment pyridine vers le groupement donneur. La molécule que l'on a étudié dans ce travail possède la possibilité de multiples structures en raison de la flexibilité de la liaison styryle. Il est à noter, sur la figure 5, que pour différentes formes, la charge positive est localisée sur

différents atomes : sur l'azote de la quinoléine dans l'état fondamental et sur l'oxygène (OH) sous la forme quinoïde (état excité). La structure du système étudié, est nouvellement synthétisée par nos collègues chimistes de l'université de Plovdiv à la faculté de chimie en Bulgarie et a été analysée et confirmée par RMN (Résonance magnétique nucléaire), par FTIR (La Spectroscopie Infrarouge à Transformée de Fourier) et par spectroscopie UV-Visible (Voir annexe 2).

Le système obtenu est partiellement soluble dans des solvants organiques non polaires et facilement solubles dans les solvants polaires organiques donnant des solutions de différentes couleurs. La couleur dépend du type du solvant utilisé, comme on peut le voir sur la figure 6. Elle représente en général l'interaction soluté-solvant selon la constante diélectrique du solvant utilisé, ainsi qu'une interaction soluté-solvant [22,23].

Fig.6: Image des solutions du système styrylquinolinium étudié dans différents solvants. De gauche à droite: l'eau, le THF, l'acétonitrile, l'acétonitrile (de concentration plus élevée), l'acétone, l'éthanol et le 1,4-dioxane.

La figure 7 représente les spectres d'absorption UV-Visible du matériau étudié dans les solvants : eau, méthanol, éthanol, THF et glycérol pour une gamme de concentration de $\times 10^{-5}$ - 2,5 $\times 10^{-5}$ mol.L^{-1}. L'analyse des spectres d'absorption électronique indique clairement la présence de certaines bandes d'absorption du domaine de l'UV-visible. La bande d'absorption la plus intense est dans la région de longueur d'onde 460-493 nm et correspond à la transition S0-CT (où S0 est l'état singulet fondamental et CT est l'état de transfert de charge). Cette absorption est provoquée par le transfert de charge intramoléculaire de l'atome d'oxygène (groupe hydroxyle) vers l'atome d'azote quaternaire dans le radical quinoléine.

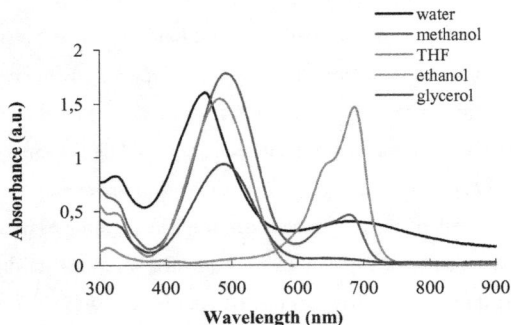

Fig.7: Les spectres UV-Vis du composé dans différents solvants: eau, méthanol, THF, éthanol et glycérol.

Le chromophore étudié est un sel contenant un cation et un anion. Dans l'état fondamental, ils forment un complexe stable (complexe à charges séparées) avec un solvant polaire par une attraction électrostatique, ce qui peut augmenter la différence d'énergie de l'HOMO-LUMO. Il en résulte un niveau d'état d'équilibre à l'état excité qui sera décalé vers une énergie plus élevée dans le solvant polaire [22].

Le spectre d'absorption enregistré dans une solution aqueuse montre une bande d'absorption avec λ_{max} = 460 nm. Dans le méthanol, la bande intense la plus élevée dans le spectre UV-Vis se trouve à 493 nm et des bandes de faible intensité sont à 678 nm et 635 nm, tandis que dans l'éthanol, la bande d'absorption est à 688 nm. Ce phénomène pourrait s'expliquer par les différences entre la constante diélectrique de méthanol (ε = 33) et de l'éthanol (ε = 24,5).

Par conséquent, les résultats expérimentaux montrent que λ_{max} augmente avec une diminution de la polarité du solvant.

IV-1-2 Fabrication des couches minces

Le développement conjoint des méthodes de dépôt et de caractérisation des couches minces a contribué à leur octroyer une place de plus en plus importante en chimie qu'en physique.

Les couches minces des matériaux organiques ont été traitées donc au moyen de différentes techniques, par dip-coating, Langmuir-Blodgett, le greffage chimique sur des surfaces activées et fonctionnalisées, l'évaporation thermique ou dépôt sous vide [24,25]. Fréquemment la préparation de ces films rencontre des difficultés à cause des effets du solvant, les dépôts successifs de plusieurs couches à partir d'une solution entraînant une redissolution partielle.

Cependant, d'autres méthodes de dépôts par laser ont été récemment développées pour les matériaux organiques, y compris les polymères, les biopolymères et les protéines. Citons par exemple la méthode connue sous le nom de MAPLE (Matrix Assited Pulsed Laser Evaporation) en utilisant des lasers (UV Excimer) de puissance élevée, la méthode connue aussi sous le nom de RIR PLD (Resonant Infra Red PLD) en utilisant un laser à électrons libres (FEL) [26]. Les inconvénients intrinsèques de ces techniques sont la nécessité d'utiliser des solutions congelées des composés organiques comme cible MAPLE et des complexes chers FEL en tant que source d'ablation pour la méthode PLD RIR. D'où l'intérêt d'une méthode comme la PLD qui permet d'élaborer des couches d'épaisseurs contrôlées tout en respectant l'intégrité physique et chimique du matériau et de déposer plusieurs matériaux successivement à partir des cibles différentes et qui est susceptible d'induire des structures particulières. Cette méthode de dépôt est connue par le dépôt par ablation laser, dépôt par laser pulsé ou par sa terminologie anglo-saxonne pulsed laser deposition (PLD). Ses principaux avantages sont la possibilité d'obtenir des films de haute densité, avec une stœchiométrie contrôlée, de manière relativement simple comparée à d'autres méthodes comme cité auparavant. Dans ce travail, le dispositif expérimental utilisé pour le dépôt de couches minces de la technique PLD est détaillé dans le deuxième chapitre et est similaire à celui décrit dans la référence [27].

La déposition des nouveaux systèmes a été faite par laser de type UV TEA N2 à une longueur d'onde de 337,1 nm, avec une durée d'impulsion de 5 ns (les impulsions avec une énergie de 5 mJ) et un taux de répétition de 20 Hz. Tous les essais ont été effectués à la température ambiante et sous vide (10^{-3} mbars). Les substrats de verres sur lesquels est déposé l'échantillon, ont été nettoyés puis séchés dans un bain ultrasons avec de l'acétone et l'éthanol pur, avant le processus de dépôt. Le choix de substrats a été fait afin d'assurer la compatibilité avec les dispositifs NLO. Ensuite la surface des films minces obtenus a été étudiée afin de prouver la qualité ainsi que l'homogénéité des couches.

IV-2 Caractérisation des échantillons

Les paragraphes suivants décrivent les résultats expérimentaux qui concernent les premières étapes effectuées après le processus de dépôt et donc après l'obtention des couches minces du système étudié. Ils présentent d'abord une caractérisation optique linéaire du système obtenu afin de déterminer les bandes d'absorption, suivi d'une analyse du profil de la surface des couches ainsi que les mesures de l'épaisseur.

IV-2-1 Absorption linéaire

La figure 8 présente le spectre de d'absorption électronique du film mince. Il est transparent dans le domaine ultraviolet et montre un pic d'absorption dans le visible à 480 nm.

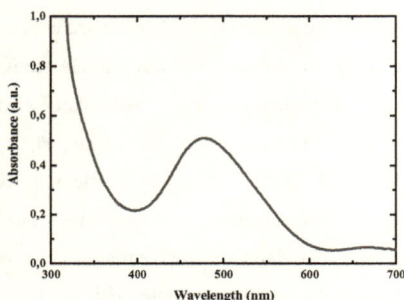

Fig.8: Spectre d'absorption de la molécule étudiée en couche mince.

Pour la détermination des paramètres optiques non linéaires, la connaissance exacte de l'épaisseur des films étudiés est très importante. Pour cela, elle a été mesurée pour à l'aide du profilomètre et a été trouvé de l'ordre de 100 nm.

IV-2-2 Analyse de surface

L'homogénéité et la qualité des films minces représentent des éléments indispensables à une étude dans des bonnes conditions, car dans le cas d'une inhomogénéité (rayure, poussière, etc...), l'effet de la diffusion peut être très gênant. Pour ce faire, la microscopie à force atomique (AFM) alors constitue une technique bien adaptée pour étudier de façon locale et à l'échelle moléculaire, l'état de surface et la qualité du greffage des différents groupements fonctionnels en surface.

Afin d'étudier l'homogénéité et la qualité du film mince obtenu après la déposition, des images ont été réalisées à l'aide de la microscopie à force atomique (AFM microscopie). Les mesures ont été effectuées à l'aide d'un microscope PicoSpm (Molecular Imaging) en mode contact. La taille maximale de numérisation était 6.5μm x 6,5 μm et donne une vision plus précise de la surface. Les premières images obtenues ont été traitées à l'aide du programme WSxM [28]. La figure 9 illustre les images AFM en dimensions 2D et 3D de surface du film déposé sur un substrat de verre.

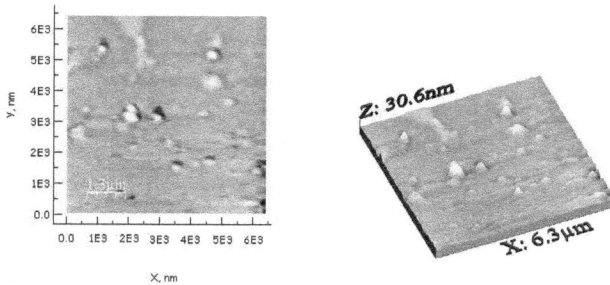

Fig.9: Images AFM du film étudié avec l'épaisseur de 100 nm (2D et 3D).

Les images obtenues montrent une surface bien lisse, avec quelques fluctuations qui peuvent être dus à des dépôts de poussières liés à la manipulation de l'échantillon. Une des images AFM obtenue pour le film mince est représentée après le traitement nécessaire sur la figure ci-dessous (figure 10). Trois zones A, B et C ont été repérées afin d'étudier leur profil présenté sur la figure 11.

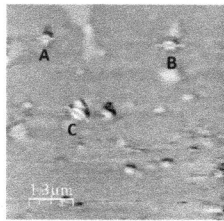

Fig.10: Image AFM en mode contact du film étudié indiquant
différents zones A, B et C.

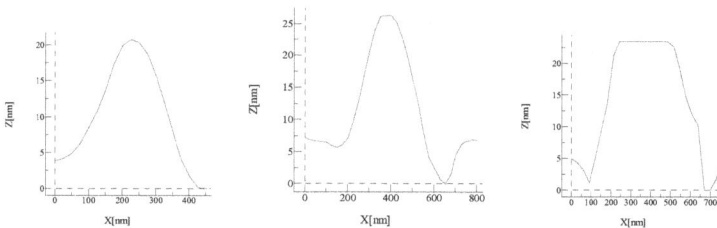

Fig.11: Profil sur différentes zones de l'image AFM.
Image à gauche (zone A), image au milieu (zone B), image à droite (zone C).

La rugosité de l'échantillon a été calculée à partir des scans effectués sur les différentes zones du film et a trouvé à environ R = 3 nm.

La morphologie du film a été examinée davantage par la microscopie électronique à balayage (MEB) à haute résolution. Les images MEB représentatifs du film mince du système styrylquinolinium avec une épaisseur de 100 nm, déposé sur un substrat de verre sont présentés dans la figure 12 (a et b).

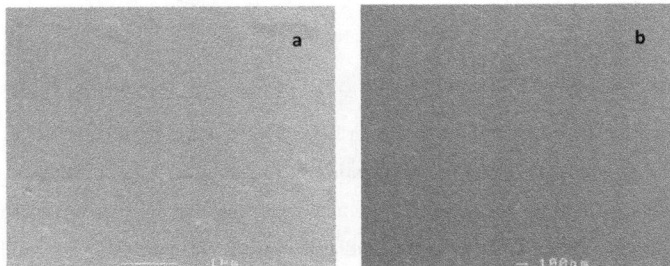

Fig.12 : Les images obtenus par microscopie électronique à balayage (MEB) du film étudié.

Ces images montrent une texture très fine à l'échelle nanométrique, à environ 100 nm visible sur la figure ci-dessus. A partir de ces constatations, on a pu vérifier la qualité des surfaces des films étudiés qui montrent l'homogénéité sans gouttelette ou fissure.

Une bonne adhérence des films sur des substrats a été trouvée, alors qu'aucune gouttelette n'a été observée sur la surface des films.

IV-3 Propriétés optique non linéaire

Cette partie de ce chapitre est consacrée à l'étude des propriétés optiques non linéaire du deuxième et troisième ordre du composé organique étudié.

Pour présenter des susceptibilités optiques non linéaires élevées, un matériau doit être fortement polarisable et donc posséder un nuage électronique qui puisse être facilement déformé par les champs électromagnétiques. Suite à la découverte des premiers effets non-linéaires, la recherche s'est concentrée et développée, au départ essentiellement, sur différents systèmes dont les matériaux organiques font partie. Pour que le matériau fournisse une réponse du second ordre ($\chi^{(2)}$), les molécules doivent également être organisées de manière non-centrosymétrique au niveau macroscopique. Ce peut être le cas dans un réseau cristallin non-centrosymétrique, un cristal liquide orienté sous champ ou encore un polymère orienté incluant des motifs actifs en optique non linéaire quadratique. Ces conditions de symétrie ne s'appliquent pas en optique non linéaire cubique. Les molécules précédentes, arrangées dans un système centrosymétrique, pourront ainsi présenter des réponses d'ordre trois ($\chi^{(3)}$).

L'objectif des mesures ONL était l'étude des propriétés non linéaire des films minces de ce nouveau système organique styrylquinolinium. Dans ce sens, les techniques expérimentales : Z-scan, la génération de la troisième harmonique (THG) et la génération de la seconde harmonique (SHG) ont été employées, en utilisant comme source d'excitation, un laser Nd:YAG en mode-locked, délivrant des impulsions de 30 ps avec un taux de répétition de 10 Hz. Le profil spatio-temporel du faisceau laser est gaussien. Les mesures SHG / THG ont été effectuées à l'aide du laser à une longueur d'onde fondamentale (à 1064 nm), tandis que pour l'étude des propriétés par Z-scan, une longueur d'onde fondamentale 532 nm a été utilisée. L'avantage de l'utilisation de la technique THG, est qu'elle donne des informations sur l'ordre de grandeur de la susceptibilité du troisième ordre non linéaire ($\chi^{(3)}$), liée uniquement à la contribution électronique, car cette technique n'est pas sensible à des mécanismes lents tels que l'orientation moléculaire, la redistribution, les effets thermiques etc. En outre, les mesures Z-scan ont été effectuées dans la configuration ouverte de Z-scan 'Open Z-scan', de manière à déterminer séparément la partie imaginaire de la susceptibilité non linéaire du troisième ordre (Im$\chi^{(3)}$) et le coefficient d'absorption non linéaire (β) qui est lié à l'absorption non linéaire du matériau. L'avantage des mesures Z-scan est qu'en dehors de l'ordre de grandeur, ils peuvent aussi fournir le signe de la Im$\chi^{(3)}$, tandis que le second est directement lié au type d'absorption non linéaire (absorption saturable (SA), ou d'absorption saturable inverse (RSA)). En outre avec la technique SHG la valeur effective de la susceptibilité non linéaire du second ordre ($\chi^{(2)}$) a été déterminée. La combinaison de toutes ces techniques expérimentales fournie une connaissance globale de la non linéarité des systèmes.

IV-3-1 Résultats SHG

Il a été observé une absorbance significative autour de 532 nm, qui est aussi la longueur d'onde utilisée pour les techniques de Z-scan, ainsi que la longueur d'onde de la seconde harmonique générée. Dans les deux cas, l'absorbance a été prise en compte lors de l'analyse des données expérimentales, en vue de déterminer avec précision les paramètres optiques non linéaires. Le coefficient d'absorption linéaire à partir des spectres d'absorption à 532 nm était $\alpha_0 = 7 \times 10^4$ cm^{-1}.

Pour l'analyse des résultats SHG expérimentaux, une lame de quartz d'une épaisseur de 0,5 mm a été utilisée comme matériaux de référence pour ces mesures avec la valeur de la susceptibilité non linéaire quadratique $\chi^{(2)}$ = 8.07 x 10^{-12} esu, (1pm/V) et une longueur de cohérence 20,5 μm.

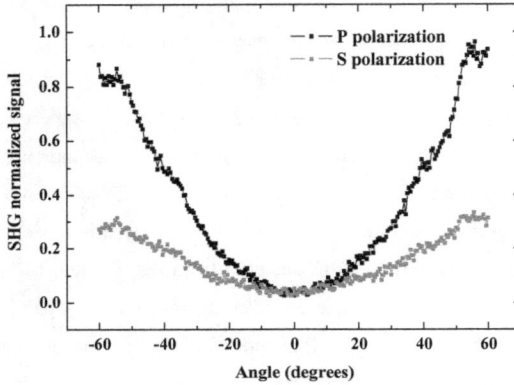

Fig.13: Les courbes SHG des franges de Maker du système étudié pour les polarisations d'excitation P et S.

Les franges de Maker ont été mesurées pour le film mince pour les polarisations d'excitation P et S. Les courbes expérimentales du signal SHG, en fonction de l'angle d'incidence du faisceau laser sont visibles sur la figure 13, pour les deux polarisations superposées dans le même graphe. Les résultats ont été obtenus dans les mêmes conditions expérimentales. Une grande différence de la réponse SHG entre les configurations de polarisation P et S a été trouvée, comme on peut le voir dans la même figure, tandis que l'efficacité SHG pour l'excitation P a été dans tous les cas supérieure. Les maximas des signaux SHG correspondent à un angle d'environ 55 ° et le minimum à l'incidence normale du faisceau laser.

La contribution du substrat a été négligeable par rapport au signal provenant du film, de sorte que le signal de l'ensemble a été attribué à la réponse du film. Les valeurs de la susceptibilité effective non linéaire d'ordre deux $\chi^{(2)}$ ont été déterminées et sont de 1,40 pm/V et 0,95 pm/V pour la polarisation P et S, respectivement. Le $\chi^{(2)}$ dans le cas de polarisation P est amélioré d'environ 45%, par rapport à la polarisation S.

IV-3-3 Résultats THG

Pour l'analyse des données de THG, le modèle de Kubodera et Kobayashi [29] a été utilisé, qui fournit la susceptibilité non linéaire du troisième ordre en comparant le signal provenant du film directement à celui du matériau de référence qui est la silice. L'absorption linéaire a été prise en compte pendant les calculs. La valeur $\chi^{(3)}$ du matériau de référence (la silice) utilisée à 1064 nm est $\chi_s^{(3)} = 2.0 \times 10^{-22} \, m^2 \, V^{-2}$.

Le signal provenant du substrat peut être considéré comme négligeable, par rapport au signal provenant du film mince. Celui-ci a été vérifié en mesurant séparément le signal du substrat. La contribution du substrat a été jugée significative seulement dans le cas des mesures (THG) et a donc été dans tous les cas pris en compte lors de l'analyse des données expérimentales.

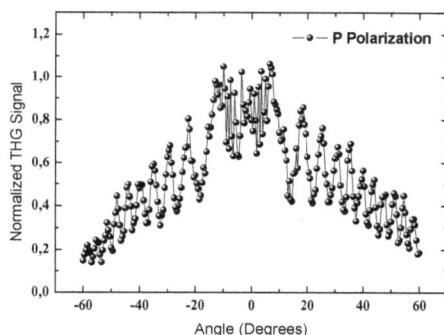

Fig.14 : La courbe THG des franges de Maker du système étudié pour

la polarisation d'excitation P.

Pour les mêmes types de polarisation (P et S), les franges de Maker ont été mesurées. La courbe normalisée, affichant le comportement oscillatoire de la réponse THG en fonction de l'angle d'incidence peut être aperçue dans la figure 14 dans le cas de la polarisation P. Il n'y pas de différence significative entre les données expérimentales obtenues pour les polarisations S et P. La susceptibilité non linéaire cubique $\chi^{(3)}$ a été donc supposée être la même pour les deux configurations et la petite différence est attribuée à l'erreur expérimentale. La valeur du paramètre $\chi^{(3)}$ a été déterminée et est de l'ordre de
$6,5 \times 10^{-20} \, m^2 \, V^{-2}$.

Les valeurs élevées trouvées, lors de toutes nos mesures, de la réponse optique non linéaire du deuxième et du troisième ordre du système étudié, peuvent être le résultat d'un transfert de charge dans notre système entre les groupements donneur et accepteur. La nouveauté de la structure chimique de l'échantillon rend impossible la comparaison avec les résultats publiés antérieurement dans la littérature. Toutefois, il convient de mentionner que de nombreuses études ont été publiées précédemment concernant la non linéarité des composés hémicyanine [22, 30, 31]. Dans ces cas, de grandes différences ont été obtenues entre la réponse optique non linéaire des structures étudiées moléculaires, qui peuvent être attribués aux différents fragments donneurs et accepteurs résultant de l'amélioration ou la réduction de la non-linéarité optique.

IV-3-3 Résultats Z-scan

Concernant la configuration ouverte de la technique Z-scan (open Z-scan), la transmission totale à travers le film a été mesurée en déplaçant l'échantillon le long de l'axe de transmission (z) du faisceau laser focalisé et autour du plan focal de la lentille. De cette manière la taille du faisceau laser sur le film a été modifiée faisant varier l'intensité du laser incident. Les mesures ont été effectuées pour plusieurs énergies laser afin de vérifier la dépendance linéaire de la réponse optique non linéaire en fonction de l'énergie. Aussi des mesures ont été effectuées dans plusieurs zones du film pour prouver que la réponse est homogène sur toute la surface.

Tout d'abord, les mesures Z-scan ont été effectuées pour des énergies différentes. La figure 15 montre les résultats obtenus pour les énergies 0,74 µJ et 1 µJ.

Les détails des techniques expérimentales ainsi que la procédure pour analyser les données expérimentales [12,32, 33] sont décrites dans le chapitre 2.

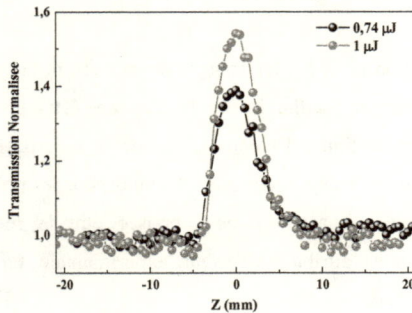

Fig.15 : Les courbes de transmission normalisées du système étudié en couche mince par 'Open Z-scan'. L'étude est faite selon différentes énergies.

105

Afin de s'assurer du bon fonctionnement du montage expérimental, un calibrage a été systématiquement effectué en utilisant le fullerène (C_{60}) comme matériau de référence. Un pic de transmission de type absorption saturable (SA) peut être observé en position (z=0), qui est caractéristique du comportement de l'échantillon dans le plan focal.

On constate une bonne dépendance du signal en fonction des différentes énergies incidentes du laser. Les mesures ont été effectuées dans plusieurs zones de la couche et ont pu donner une réponse homogène. Ensuite, la partie imaginaire de la susceptibilité non linéaire d'ordre trois a été déterminée et est de l'ordre de $Im\chi^{(3)} = -(2,1 \pm 0,4) \times 10^{-9}$ esu, ce qui correspond à un coefficient d'absorption non linéaire $\beta = -(3,3 \pm 0,7) \times 10^{-7}$ m / W.

Un tableau récapitulatif présentant toutes les valeurs des paramètres non linéaires du deuxième et du troisième ordres est donné ci-dessous :

	SHG		THG	Z-scan	
	$\chi^{(2)}$ (pm/V)		$\chi^{(3)}$ (10^{-20} m^2.V^{-2})	β(m/W)	$Im\chi^{(3)}$ (esu)
Echantillon (100 nm)	P	S	P	$-3,3 \times 10^{-7}$	$-2,1 \times 10^{-9}$
	1,40	0,95	6,5		

Tableau1 : les valeurs des paramètres non linéaires du deuxième et troisième ordre.

Conclusion

Ce chapitre a permis l'étude d'un nouveau composé conjugué 'styrylquinolinium', avec des propriétés physico-chimiques intéressantes. La couche mince a été préparée en utilisant la méthode de dépôt par laser pulsé PLD. Ensuite, une analyse de surface a été effectuée à l'aide de la microscopie à force atomique AFM suivie d'une étude par microscopie électronique à balayage MEB. Comme résultat, le film a été jugé homogène et sans fissure avec de bonnes propriétés d'adhérence sur le substrat. Enfin, les non-linéarités du deuxième et troisième ordre de ce système ont été mesurées par les techniques SHG, Z-scan et THG et les paramètres optiques non linéaires ont été trouvés.

Par rapport au petit nombre d'études et la faible exploitation de la PLD dans le dépôt des films de molécules organiques, ce travail montre que cette technique peut être développée et optimisée pour l'obtention de propriétés intéressantes comme la cristallisation, la complexation de différentes molécules et le guidage optique par exemple. En conséquence, les nouvelles conditions de dépôt proposées offrent la possibilité de préparer des films minces avec des pré-propriétés connues, et ainsi adapter les propriétés optiques linéaires et non linéaires. Ce fait est combiné avec la possibilité de faire varier la taille du système conjugué étudié et le type des substituants (N-, 2 -, et 4,). En outre, des modifications au niveau de la structure peuvent ouvrir un nouveau champ en utilisant ces systèmes dans des applications photoniques.

Références

[1] Chemla, D. S.; Zyss, J. *Nonlinear Optical Properties of Organic Molecules and Crystals*; Academic Press: New York, 1987.

[2] S.R. Marder, B. Kippelen, A.K.Y. Jen, N. Peyghambarian, Nature 388 (1997) 845.

[3] J. Zyss, J.F. Nicoud, M. Coquillay, J. Chem. Phys. 81 (1984) 4160.

[4] Sahraoui, B.; Nguyen Phu, X.; Salle, M.; Gorgues, A. Opt. Lett. 1998, 23, 1811-1813.

[5] Derkowska, B.; Mulatier, J. C.; Fuks, I; Sahraoui, B.; Nguyen Phu, X.; Andraud, C. Journal Opt. Soc. Am. B 2001, 18, 610-616.

[6] Sahraoui, B.; Kityk, I.; Hudhomme, P.; Gorgues, A. J. Phys. Chem. B 2001, 105, 6295-6299.

[7] El Ouazzani, H.; Iliopoulos, K.; Pranaitis, M.; Krupka, O.; Smokal, V.; Kolendo, A.;Sahraoui, B. J. Phys. Chem. B 2011, 115, 1944-1949.

[8] M.D. Aggarwal, J. Choi, W.S. Wang, K. Bhat, R.B. Lal, A.D. Shield, B.G. Penn, D.O. Frazier, J. Cryst. Growth 204 (1999) 179.

[9] M. Del Zoppo, M. Tommasini, C. Castiglioni, G. Zerbi, Chem. Phys. Lett. 87 (1998)

[10] G. Maroulis, J. Mol. Struct. (Theochem) 633 (2003) 177.

[11] H. Sekino, R.J. Bartlett, J. Chem. Phys. 98 (1993) 3022.

[12] Sheik-Bahae, M.; Said, A. A.; Wie, T.-H.; Hagan, D. J.; Van Stryland, E. W. IEEE J. of Quant. Electron. 1990, 26, 760-769.

[13] Herman, W. N.; Hayden, L. M. J. Opt. Soc. Am B 1995, 12, 416-427.

[14] Sahraoui, B.; Luc, J.; Meghea, A.; Czaplicki, R.; Fillaut, J.-L.; Migalska-Zalas, A. J. Opt. A: Pure Appl. Opt. 2009, 11, 1-26.

[15] D. Josse, R. Heirle, I. Ledoux, J. Zyss, Appl. Phys. Lett. 53 (1988) 2251. [11] R. Hierle, J. Badan, J. Zyss, J. Cryst. Growth 69 (1984) 545.

[16] R. Hierle, J. Badan, J. Zyss, J. Cryst. Growth 69 (1984) 545.

[17] D. R. Ulrich, Mol. Cryst. liq.Cryst., 160, 1 (1988).

[18] K. Y. Wong, C. C. Teng, A. F. Garito, J. Opt. Soc. Am. B, 1, 434 (1984).

[19] M. Tommasini, C. Castiglioni, M. Del Zoppo, G. Zerbi, J. Mol. Struct. 480–481 (1999) 179.

[20] Larry R. Dalton, Aaron W. Harper, Bo Wu, Rima Ghosn, Joyce Laquindanum, Ziyong Liang, Andrea Hubbel, Chengzeng Xu, Adv. Mater. 7 (6) (1995) 519.

[21] Fromherz P., J Phys Chem 1995; 99: 7188-92.

[22] Qin, C.; Wang, X.; Wang, J.-J.; Mao, J.; Yang, J.; Dai, L.; Chen, G. Dye Pigments 2009, 82, 329-335.

[23] Reichardt, C. Solvents and Solvent Effects in Organic Chemistry, Third, Updated and Enlarged Edition, VCH, 2003.

[24] Sanches, C.; Lebean, B.; Chaput, F.; Boilot, J. P. Adv. Mater. 2003, 15, 1969-1994.

[25] 11. A Quintel, F. Budde, P. Rechsteiner, K. Thoma, A. Zayatsb. J. Hulliger, J. Mater. Chem., 10, 27-30 (2000).

[26] Chrisey, D. B.; Pique, A.; McGill, R. A.; Horwiz, J. S.; Ringeisen, B. R.; Bubb, D. B.; Wu, P. K. Chem. Rev.2003, 103, 553-576.

[27] Serbezov, V.; Benacka, St; Hadgiev, D.; Atanasov, P.; Electronov, N.; Smatko, V.; Stribik, V.; Vassilev, N. J. Appl. Phys. 1990, 67, 6953-6957.

[28] Horcas, I.; Fernandez, R.; Gomez-Rodriguez, J. M.; Colchero, J.; Gomez-Herrero J.; Baro, M. Rev. Sci. Instrum.2007, 78, 013705.

[29] Kubodera, K.; Kobayashi, H. Mol. Cryst. Liq. Cryst. 1990, 182, 103-113.

[30] Marowsky, G., Chi, L.F.; Möbius, D.; Steinhoff, R.; Shen, Y.R.; Dorsch, D.; Rieger, B. Chem. Phys. Letters, 1988, 147, 420–424.

[31] Schildkraut, J.S.; Penner, T.L.; Willand, C.S.; Ulman, A. Opt. Lett., 1988, 13, 134-136.

[32] M. Sheik-Bahae, A. A. Said, and E. W. Van Stryland, Opt. Lett., 14, 17, 955-957 (1989).

[33] Sahraoui, B.; Luc, J.; Meghea, A.; Czaplicki, R.; Fillaut, J.-L.; Migalska-Zalas, A. J. Opt. A: Pure Appl. Opt. 2009, 11, 1-26.

Conclusion générale

Ce travail, qui s'inscrit dans le cadre de recherches de nouveaux matériaux a porté sur l'étude de leurs propriétés optiques non linéaires. Cette thèse a donc permis l'étude approfondie des nouveaux systèmes synthétisés, visant essentiellement des applications dans l'optoélectronique. Deux objectifs fixés initialement ont été menés de front : le choix de systèmes chimiques avec des caractéristiques intéressantes et l'étude des propriétés optiques non linéaires du deuxième et troisième ordres de ces composés. Dans ce cadre, nos études se sont alors orientées vers la recherche et la caractérisation de nouvelles molécules organiques conjuguées de type push pull. Ce choix a été motivé par le fait que ces structures possèdent la caractéristique de transfert de charge entre deux groupements donneur et accepteur d'électrons.

Une première étude a concerné des composés azoïques. Ces composés ont des propriétés particulières de certaines molécules, existant sous la forme de deux isomères (*trans* et *cis*), dont la transformation réversible de l'un à l'autre est induite par une excitation lumineuse. La différence de géométrie entre les deux isomères peut alors s'accompagner d'une variation de certaines propriétés tels l'absorbance, l'indice de réfraction ou les constantes diélectriques....Dans le but d'essayer de déterminer plus précisément le rôle joué par ce type des molécules sur les propriétés optiques non linéaires, et notamment afin de savoir si l'apparition de la conjugaison des systèmes du chromophore est dépendante de cette réponse non linéaire, nous avons utilisé différentes molécules azobenzènes. Ces molécules ont différentes longueurs de la chaine conjuguée et sont greffées dans les mêmes proportions que le DR1 au squelette d'un système polymérique permettant de stabiliser le système. Ensuite, des couches minces ont été préparées et caractérisées au moyen des techniques d'ONL.

La technique de la génération de la seconde harmonique (SHG) nous a permis de mettre en évidence la détermination des paramètres non linéaire du deuxième ordre. Ainsi, nous avons tout d'abord vérifié que la rupture de la centrosymétrie génère un signal SHG plus important. Un traitement par Corona poling des chromophores a révélé une dépendance avec l'intensité du signal SHG. Ceci montre qu'il est intéressant d'orienter les molécules du matériau non linéaire afin d'augmenter l'efficacité de l'intensité et donc d'augmenter le rendement de conversion. De ce calcul, nous avons pu déduire que l'orientation est un facteur essentiel dans les processus non linéaires du second ordre. Nous avons alors vu que le système avec une

longue chaine conjuguée avec des groupements donneur et accepteur d'électrons, génère une réponse SHG plus forte.

Nous nous sommes ensuite intéressés aux propriétés optiques non linéaires du troisième ordre de ces matériaux. Il existe une variété de méthodes et techniques pour la détermination de la réponse optique non linéaire, chacune avec ses propres faiblesses et avantages. Le long de ce travail, trois différentes techniques ont été employées permettant d'aboutir aux informations sur la susceptibilité non linéaire du troisième ordre. Dans ce contexte, la génération de la seconde harmonique, la biréfringente photoinduite ainsi que la technique de Z-scan ont été utilisées.

Il existe des différences entre ces méthodes ce qui en fait des techniques complémentaires au niveau des informations fournies. En général, la génération de la seconde harmonique a l'avantage de déterminer la contribution électronique de la susceptibilité non linéaire cubique tandis que Z-scan fournit les informations utiles sur l'ordre de la non-linéarité, ainsi que son signe et sa grandeur et donc déterminer les processus physiques à l'origine de la réponse non linéaire du matériau donné.

Donc, en illuminant un polymère azoïque par un faisceau laser polarisé, l'isotropie initiale des molécules azoïques est brisée et il y a apparition de biréfringence photo-induite. Ce processus de création et d'effacement de la biréfringence peut être répété plusieurs fois tant que les processus de photodégradation sont évités (par exemple, certaines liaisons permettant l'isomérisation peuvent se casser sous l'effet répété des cycles trans-cis-trans). Cette propriété permet d'utiliser ces systèmes dans le but de dessiner des guides d'ondes optiques utilisés dans le développement de dispositifs actifs et passifs en optique intégrée pour les télécommunications. L'effet Kerr optique mesuré par cette méthode est en accord quantitatif avec les valeurs obtenues par les mesures Z-scan. Nos mesures Z-scan picosecondes montrent que les systèmes avec des fragments donneurs et accepteurs d'électrons ont une forte non linéarités d'ordre 3.

D'autre part, une nouvelle structure moléculaire 'Styrylquinolinium', de type donneur-accepteur a été étudiée. Les couches minces ont été préparées par la méthode de dépôt par

ablation laser (PLD). Une analyse de surface nous a permis de s'assurer de la qualité et de l'homogénéité des films car une inhomogénéité ponctuelle (rayure, poussière, etc...) générer de la diffusion qui peut être gênant et engendrer des taches de diffraction complexes sur le diaphragme, ce qui n'était pas le cas pour nos mesures.

Nos travaux antérieurs avaient démontré le rôle majeur des interactions intramoléculaire sur les propriétés optiques non linéaires. Cette étude du deuxième et troisième ordre pour ce nouveau composé à transfert de charge a permis de vérifier les résultats obtenus pour les systèmes azoïques.

En général, la réponse optique non linéaire significative trouvée dans le cadre de ce travail de recherche permet d'envisager la possibilité de continuer à modifier les systèmes étudiés en changeant la chaine de conjugaison, les groupes donneurs et accepteurs d'électrons, et suggère que ces systèmes peuvent s'avérer importants comme candidats pour une variété d'applications en photonique et opto-électronique.